U0160982

“十三五”江苏省高等学校重点教材（编号：2020-2-267）

装配式建筑丛书

装配式混凝土建筑施工技术

Construction Technology of Assembled Building with Concrete Structure

阎长虹　黄天祥　黄慧敏　王艳芳　主编

科学出版社

北　京

内 容 简 介

本书根据当前我国装配式建筑行业需求，系统介绍了装配式混凝土建筑的施工材料、施工组织以及构件安装要点。全书共10章，主要包括绪论、装配式混凝土建筑的施工材料、施工组织设计、构件安装、模板施工、外架施工、安全施工与环境保护、成本分析、质量通病预防措施以及施工信息化管理等内容，较为全面地介绍了目前国内外装配式混凝土建筑的施工技术、施工要点及施工方法。

本书可作为土木工程、建筑工程、结构工程等相关专业本科生教材，也可供装配式混凝土建筑设计、施工、监理等相关行业的技术人员参考。

图书在版编目（CIP）数据

装配式混凝土建筑施工技术/阎长虹等主编. —北京：科学出版社，2022.12

（装配式建筑丛书）

“十三五”江苏省高等学校重点教材

ISBN 978-7-03-074329-9

Ⅰ. ①装… Ⅱ. ①阎… Ⅲ. ①装配式混凝土结构–混凝土施工–高等学校教材 Ⅳ. ①TU755

中国版本图书馆CIP数据核字（2022）第241572号

责任编辑：李涪汁 曾佳佳/责任校对：郝璐璐

责任印制：赵 博/封面设计：许 瑞

科 学 出 版 社 出版

北京东黄城根北街16号

邮政编码：100717

http://www.sciencep.com

北京建宏印刷有限公司印刷

科学出版社发行 各地新华书店经销

*

2022年12月第 一 版 开本：787×1092 1/16

2025年 1 月第二次印刷 印张：10

字数：235 000

定价：89.00元

（如有印装质量问题，我社负责调换）

“装配式建筑丛书”编委会

丛 书 序

装配式建筑作为国家发展性战略重点，是传统建筑向建筑产业现代化转型的新型产业。2016年以来，国家已经出台了各项关于建筑产业现代化发展的政策和文件，推动装配式建筑产业化的发展。但是装配式建筑产业尚处于起步阶段，人才的缺乏是行业推进建筑产业现代化的一大瓶颈。目前，建筑类高校还没有完善的装配式建筑人才培养方案及相应的教材，所以，高校毕业生还不熟知装配式建筑理论知识和技术，致使装配式建筑管理人才、技术人才、高技能人员及科研创新人才极大短缺。可以预计在未来相当长的一段时间内，装配式建筑人才培养将是服务和推动建筑产业现代化发展的核心工作之一。

南京大学作为教育部直属的重点综合性大学、A类世界一流大学建设高校，南京大学金陵学院作为国内独立学院中一流的应用型本科院校，承担着为国家培养土木建筑行业急需人才的重要任务和使命。南京大学、南京大学金陵学院与装配式建筑技术先进的企业单位——香港有利集团签订装配式建筑人才培养发展战略合作协议，于2016年启动了装配式建筑系列教材的建设工作，旨在系统地编写能够全面反映当前装配式建筑发展的先进工艺、管理技术和适应现代教育教学理念的系列教材，为培养装配式建筑人才提供保障。装配式建筑系列教材包括《装配式建筑结构设计》《预制构件生产与质量管理》《装配式混凝土建筑施工技术》《装配式建筑材料与连接技术》四本，内容涉及建筑结构设计及拆分理论、预制构件生产工艺及管理技术、装配式建筑施工工艺及管理技术、装配式建筑的核心连接技术等方面，汇聚了当前先进的装配式建筑的生产、施工理论和经验，注重设计原理、工艺方法及管理体系的介绍，突出工程应用及能力培养。希望本系列教材的出版能够起到服务和推动建筑产业现代化发展的积极作用，为我国装配式建筑产业化的创新型应用人才培养和技术进步贡献力量。

周长山

2020年4月

前　言

装配式建筑采用标准化设计、工厂化生产、装配化施工、信息化管理、智能化应用，是建筑产业现代化的生产方式。推进建筑业转型，开展建（构）筑物的新型建造模式，大力发展装配式建筑，是落实中央城市工作会议精神的重要战略举措，是贯彻“适用、经济、绿色、美观”的建筑方针、实施创新驱动战略、实现建筑现代化和产业转型升级的重要引擎。《中共中央 国务院关于进一步加强城市规划建设管理工作的若干意见》（2016 年 2 月 6 日）提出，力争用 10 年左右时间，使装配式建筑占新建建筑的比例达到 30%。

装配式建筑发展时间虽然不长，但是其发展速度非常快。从最初仅在工业民用建筑及地面以上结构采用装配式建造方式，逐渐向多个领域和地面以下结构方向发展，如基坑支护、地下管线、交通隧道等。相信未来装配式建筑将会应用于更多领域。大力发展装配式建筑，促进建筑业转型升级，对过去的建造方式根本性的改变，要从设计开始，从工厂生产抓起，从现场组装抓起。发展装配式建筑，关键在于打造新型装配式建筑应用型人才队伍，土木建筑类高校承担着技术人才培养的重要任务。因此，教育必须服务社会经济发展，满足当前经济结构转型升级需求，培养成千上万技术技能应用型人才。土木工程专业实施装配式建筑应用型人才培养是装配式建筑产业链上最为关键的一项艰巨而又迫切的任务。

本书是由南京大学及南京大学金陵学院有关教师和香港有利集团技术骨干共同合作编写的装配式建筑系列教材之一。借助南京大学与香港有利集团产学研合作的契机，本书内容汲取企业先进、成熟的装配式建筑建造经验，以施工技术与组织设计为主线，以培养理论知识与技术技能并重的应用型人才为目标，集理论知识与工程实践于一体。

本书由阎长虹、黄天祥、黄慧敏指导并编写各章节概要及有关内容，把控整本书的编写思路及质量。全书共 10 章，第 1～3、7～9 章由王艳芳编写；第 4 章由盖雪梅、阎长虹、朱健雄编写；第 5、6 章由马天海编写；第 10 章由魏林宏、阎长虹编写。全书由阎长虹、马天海统校。在本书编写过程中，有利华建筑产业化科技（深圳）有限公司、建华建材有限公司等为本书提供了大量的实际工程案例、照片等相关资料；刘松玉教授、朱健雄高级工程师给予了热心指导，提出了宝贵的意见并参与了审阅；南京大学地球科学与工程学院和南京大学金陵学院土木工程专业教研组其他教师也给予了很多支持和帮助。本书在表达技术观点时参考了部分论文、论著和相关规范，在此谨向原作者表示衷心的感谢！

限于作者水平，书中难免存在不足之处，敬请广大读者批评指正。

编　者

2022 年 6 月

目 录

第1章 绪　论

1.1 装配式混凝土建筑概念

所谓装配式混凝土建筑（assembled building with concrete structure），在建筑工程中称为装配式混凝土建筑，在结构工程中称为装配式混凝土结构，是指工厂化生产的混凝土部品部件，在施工现场通过可靠连接方式建造的建筑。装配式混凝土建筑把传统建造方式中的大量现场浇筑作业转移到工厂进行，把工厂制作好的构件和配件（如楼板、墙板、楼梯、阳台等）运输到建筑施工现场，通过可靠的连接方式在现场装配成具有可靠传力和承载要求的建筑。这种装配式混凝土建筑的优点是建造速度快、受气候条件制约小、节约劳动力并可提高建筑质量。此外，装配式混凝土建筑环保效应突出。据有关部门统计分析，装配式混凝土建筑比传统建筑可减少建筑垃圾 80%以上、节约施工用水 60%、节省施工用木材 80%、减少能耗 70%。

装配式混凝土建筑的构件主要包含：全预制柱、全预制梁、叠合梁、全预制剪力墙、单层叠合剪力墙、双层叠合剪力墙、外挂墙板、预制混凝土夹心保温外墙板、预制叠合保温外墙板、全预制楼板、叠合楼板、全预制阳台板、叠合阳台板、预制飘窗、全预制空调板、全预制女儿墙、装饰柱等。

装配式混凝土建筑构件的连接部位一般采用钢筋、后浇混凝土、螺栓或浆锚等连接方式。其构件节点若采用钢筋连接，可用钢筋套筒灌浆连接、钢筋浆锚搭接连接、焊接、机械连接及预留孔洞搭接等方式。

在装配式混凝土建筑中，预制率和装配率是两个不同的概念。预制率是指装配式混凝土建筑室外地坪以上主体结构和围护结构中预制构件部分的材料用量占对应构件材料总用量的体积比，预制率是衡量主体结构和围护结构采用预制构件的比例。装配率是指装配式混凝土建筑中预制构件、建筑部品的数量（或面积）占同类构件或部品总数量（或面积）的比例，用以衡量工业化建筑所采用工厂生产的建筑部品的装配化程度。

1.2 装配式混凝土建筑技术体系分类

国内外学者对装配式混凝土建筑做了大量的研究工作，并且开发了多种装配式混凝土建筑体系。目前，各类装配式混凝土建筑有三种不同分类方法。

1.2.1 按装配程度分类

装配式混凝土建筑依据装配化程度的高低可分为全装配和部分装配。全装配式混凝土建筑一般限制为低层或抗震设防要求较低的多层建筑；部分装配则是指建筑物的主要构件采用预制构件，在现场通过后浇混凝土连接形成的装配式混凝土建筑。

1.2.2 按连接方式分类

按连接方式的不同，可分为全装配式混凝土建筑和装配整体式混凝土建筑。

全装配式混凝土建筑：全装配式混凝土建筑的预制混凝土构件靠干法连接（如螺栓连接、焊接等）形成整体。预制钢筋混凝土柱单层厂房就属于全装配式混凝土建筑。国外一些低层建筑或抗震设防烈度6度及6度以下地区的多层建筑采用全装配式混凝土结构。

装配整体式混凝土建筑：由预制混凝土构件通过现场后浇混凝土、水泥灌浆形成整体的建筑。简言之，装配整体式混凝土建筑的连接多采用“湿连接”方式。随着装配式混凝土建筑技术的不断发展，装配整体式混凝土建筑的整体性和抗震性能得到很大的提高，其应用范围越来越广泛。目前，大多数多层建筑和全部高层预制混凝土建筑都是装配整体式混凝土建筑。

1.2.3 按建造技术体系分类

装配式混凝土建筑按照建造技术体系可分为装配式框架结构、装配式剪力墙结构、装配式框架-剪力墙结构、装配式预制外墙-现浇剪力墙、装配式预制外墙-现浇框架等类型。下面简要介绍各种建造技术体系的特点。

（1）装配式框架结构也即预制框架结构体系，其基本特征是：主体框架结构预制，楼板采用叠合楼板，楼梯、雨篷、阳台等围护结构预制，框架结构主要采用套筒灌浆等形式连接。

（2）装配式剪力墙结构也即预制框架剪力墙体系，其基本特征是：主体结构剪力墙预制，楼板采用叠合楼板，楼梯、雨篷、阳台等围护结构预制。根据剪力墙预制形式的不同又可以分为整体预制和叠合预制两种形式。

（3）装配式框架-剪力墙结构也即预制框架现浇剪力墙结构体系，其基本特征是：主体结构框架预制、主体结构剪力墙现浇；楼板采用叠合楼板，楼梯、雨篷、阳台等围护结构预制。

（4）装配式预制外墙-现浇剪力墙也即预制外墙-现浇剪力墙体系，其基本特征是：主体结构剪力墙现浇（内浇外挂），外墙采用叠合预制外墙，门窗整体预制，楼梯、雨篷、阳台等围护结构预制。外墙质量大大提高，可以有效解决漏水、裂缝、面砖脱落和发霉等问题。

（5）装配式预制外墙-现浇框架也即预制外墙-现浇框架体系，其基本特征是：主体结构框架柱现浇，叠合梁、外墙采用预制，其中外墙采用夹心保温外墙，门窗后装，楼板采用叠合楼板，楼梯、雨篷、阳台等围护结构预制，叠合梁和内隔墙一体化设计（等宽）。

在这些建造技术体系施工过程中，当涉及预制外墙装配时，外墙接缝漏水渗水问题的解决是关键。早在 20 世纪 80 年代后期，香港地区曾引进后嵌入式预制外墙＋大型铁质模板方法来建造公共房屋项目（俗称公屋），如图 1-1 所示。这种建筑施工方法不需要在工地现场搭脚手架、支模板，可一定程度上减少木材使用、节约施工劳动力，同时在预制工厂先安装好外墙窗户，可以解决铝窗和混凝土之间的雨水渗漏问题。但这种装配式技术体系使用一段时期后，发现其存在一些缺陷，如预制外墙吊装较为困难，吊装人员存在安全隐患问题；在外墙接缝处，时间久了会出现雨水渗漏问题，且维修困难、保养费用高等。故这种装配式建造技术逐渐被一种叫“前嵌式无缝半预制建筑方法”的施工技术所取代。所谓“前嵌式无缝半预制建筑方法”是指“预制外墙+半预制楼面板”的装配式技术体系，即装配式建筑施工过程中先安装预制外墙，然后建造结构墙，彻底解决了结构墙与预制外墙之间的渗漏问题和日后的维修保养问题。

(a) 大铁模的架设　　(b) 预制外墙的吊装

图 1-1　装配式预制外墙-现浇框架体系施工示例

1.3　装配式建筑的优势

预制装配式施工方法现已在全世界被广泛使用。装配式建筑工地的建筑材料，完全是由工厂运来的半成品，施工单位在现场对地基做一定处理后，用半成品对地面以上的房屋进行组装。建筑工地不再把瓦工、木工、钢筋工等工种分得那么细，建筑工人由过去那种复杂的多工种角色，转变为单一的背着射钉枪、电钻等专用工具的装配工角色。房屋的装配化制造完全避免了传统建房的缺点，施工速度非常快，可在短期内建成完工；工人劳动强度大幅度降低，交叉作业方便有序；房屋装配中的每道工序都可以像设备安装那样检查其精度，以确保房屋制造的质量；施工时的粉尘和噪声大大降低，物料堆放场地减少，有利于环境的保护；工厂化的生产和现场的标准装配，使房屋制造成本降低，这完全符合我国建筑产业绿色发展的战略。因此，装配式制造房屋的许多优点是传统房屋建造方法无法比拟的。总体来说，未来装配式建筑将可以更为有效地做到以下几个点。

1. 设计多样化

目前住宅设计和住房需求脱节、承重墙多、开间小、分隔死、房内空间无法灵活分割。而装配式房屋采用大开间灵活分割的方式，根据住户的需要，可分割成大厅小居室或小厅大居室。住宅采用灵活的大开间，其核心问题之一就是要具备配套的轻质隔墙，而轻钢龙骨配以石膏板或其他轻质板恰恰是隔墙和吊顶的最好材料。

2. 功能现代化

过去，住房通水、通电就算“现代化”了。但进入21世纪，仅要求这点条件就显得落后和不够了。现代化的装配式住宅应具有以下功能：

（1）节能，外墙有保温层，最大限度地减少冬季采暖和夏季使用空调的能耗；

（2）隔声，提高墙体和门窗的密封性，保温材料既有保温功能也有吸声降噪功能，使室内有一个安静的环境，避免外来噪声的干扰；

（3）防火，使用阻燃或难燃材料，防止火灾的蔓延、波及和扩散；

（4）抗震，大量使用轻质材料，降低建筑物重量，增加装配式的柔性连接；

（5）外观不求奢华，但立面清晰而有特色，长期使用不开裂、不变形、不褪色；

（6）为厨房、厕所配备各种卫生设施提供有利条件；

（7）为房屋功能改建、增加新的电气设备或通信设备创造可能性。

3. 制造工厂化

传统建筑物外表面主要依靠现场施工粉刷彩色涂料等措施来实现制成多种美观的图案，但是要做到不出现色差且久不褪色是十分困难的。而装配式建筑外墙板通过模具预制和机械化喷涂、烘烤工艺就可以轻松做到这一点。木窗、钢门窗、薄壁铝门窗因其刚度不够、保温性和耐久性差日渐淘汰。塑钢门窗因具有保温、隔热、气密性能好、安全系数高等优点而被越来越广泛使用，但塑钢门窗制造技术与工艺要求更高、更复杂，生产设备更先进；建筑物的散装保温材料完全被板、毡状材料所替代；屋架、轻钢龙骨、各种金属吊挂及连接件的尺寸精确度要求更高，这都需要通过机械化生产来实现；利用预制楼板屋面板减少现场模板使用，实现快速环保施工。这些都需要在工厂生产或预制，室内材料如石膏板、铺地材料、天花吊板、涂料、壁纸等都要经过复杂的生产流水线才能被制造出来。况且在工厂生产过程中，材料的性能诸如强度、抗冻融性、防火防潮、隔声保温等指标都可随时进行控制，质量可以得到有效保证。

装配式建筑的设计施工理念是把房屋看成一个大设备，现代化的建筑材料是这台设备的零部件。这些零部件经过严格的工业化生产可以保证其质量，组装出来的房屋满足设计功能要求。相比之下，采用水泥、砖瓦、石灰、砂子、钢筋、木材等建筑材料，利用人工的方法在施工现场建造房屋，就相形见绌了。

4. 施工装配化

由于装配式建筑的自重要比传统建筑自重轻一些，因此，地基的承载力要求及其加固处理也可以有所降低。工厂预制好的建筑构件运到施工现场后，现场施工技术人员按图进行组装，工地上过去那种大规模和泥、抹灰、砌墙等湿法作业将大大减少。装配化施工具有下列优点：

（1）进度快，可在短期内交付使用；

（2）劳动力减少，交叉作业方便有序；

（3）每道工序都可以像设备安装那样检查精度，保证工程质量；

（4）现场噪声小，散装物料减少，废物及废水排放变少，有利于环境保护；

（5）施工成本降低。

5. 管理信息化

将建筑信息模型（building information model, BIM）技术引入装配式建筑全过程工程管理，可以轻松实现建筑项目信息集成化管理。这是建设工程项目设计、施工、组织、管理和技术手段等多个方面一次系统性的革命，可以实现理想的建设工程信息积累，从根本上消除信息的流失和信息交流的障碍。BIM中含有大量的工程相关信息，可为工程提供数据后台的巨大支撑，可以使业主、设计单位、咨询公司、施工总承包、专业分包、材料供应商等众多单位在同一个平台上实现数据共享，使沟通更为便捷、协作更为紧密、管理更为有效，从而弥补传统的项目管理模式的不足。

1.4 装配式建筑适用范围

就结构而言，框架结构、框架-剪力墙结构、筒体结构和剪力墙结构都适宜做装配式建筑。就建筑高度而言，高层建筑和超高层建筑比较适宜做装配式建筑。这完全突破了传统建筑设计施工的理念与认识，装配式混凝土建筑对建筑的标准化程度要求较高，同种规格的预制构件可以实现最大化的利用，带来更好的经济效益。因此，装配式混凝土建筑设计中宜选用体型较为规整、大空间的平面布局，合理布置承重墙及管井的位置。此外，预制建筑体系的发展应适应我国各地建筑功能和性能要求，遵循标准化设计、模数协调、构件工厂化加工制作。

根据《装配式混凝土结构技术规程》（JGJ 1—2014）的规定，装配整体式结构房屋的最大适用高度如表1-1 所示，最大高宽比如表1-2 所示。

2017年发布的《装配式混凝土建筑技术标准》（GB/T 51231—2016）对《装配式混凝土结构技术规程》（JGJ 1—2014）的技术内容和条文进行补充完善，丰富和发展了装配式混凝土建筑的成熟新技术、新工艺。

弹塑性分析和实际震害均表明，高层建筑装配整体式剪力墙结构和部分框支剪力墙结构的底部墙肢的损伤往往较上部墙肢严重，为了提高底部墙肢的延性和耗能能力，高

表 1-1　装配整体式结构房屋的最大适用高度　（单位：m）

结构类型	非抗震设计	抗震设防烈度			
		6 度	7 度	8 度（0.2g）	8 度（0.3g）
装配整体式框架结构	70	60	50	40	30
装配整体式框架-现浇剪力墙结构	150	130	120	100	80
装配整体式剪力墙结构	140（130）	130（120）	110（100）	90（80）	70（60）
装配整体式部分框支剪力墙结构	120（110）	110（100）	90（80）	70（60）	40（30）

注：房屋高度指室外地面到主要屋面的高度，不包括局部突出屋顶的部分，当预制剪力墙构件底部承担的总剪力大于该层总剪力的 80%时，最大适用高度应取表中括号内的数值。

表 1-2　装配整体式结构房屋适用的最大高宽比

结构类型	非抗震设计	抗震设防烈度	
		6、7 度	8 度
装配整体式框架结构	5	4	3
装配整体式框架-现浇剪力墙结构	6	6	5
装配整体式剪力墙结构	6	6	5

层装配式建筑剪力墙结构和部分框支剪力墙结构的底部加强部位的竖向构件宜采用现浇混凝土，以保证结构的抗地震倒塌能力。

当高层建筑装配整体式剪力墙结构和部分框支剪力墙结构的底部加强部位及框架结构首层柱采用预制混凝土时，应进行专门研究和论证，采取特别的加强措施，严格控制构件加工和现场施工质量。特别是应重点提高连接接头性能、优化结构布置和构造措施，提高关键构件和部位的承载能力，尤其是柱底接缝与剪力墙水平接缝的承载能力，确保实现“强柱弱梁”的目标，必要时应进行试验验证。

思 考 题

1. 什么是装配式混凝土建筑？其基本特点是什么？
2. 简述装配式混凝土建筑的分类及特征。
3. 简述装配式混凝土建筑的适用范围。
4. 未来装配式混凝土建筑的优势是什么？

第 2 章　装配式混凝土建筑施工材料

装配式混凝土建筑施工的主要过程是：①吊装预制构件到指定位置；②连接预制构件以满足规范要求。所以，装配式混凝土建筑的施工对象主要是预制构件，因而对装配式混凝土建筑施工现场的材料而言，首先预制构件属于施工材料和部件的一部分，其次是装配式混凝土建筑现场施工用的现浇混凝土材料，最后就是一些装配式混凝土建筑专用的施工材料。

下面就与装配式混凝土建筑施工密切相关的专用材料即结构主材、连接材料、灌浆材料、密封材料、预埋材料、保温材料及装饰材料等做简单介绍。

2.1　结 构 主 材

装配式混凝土建筑施工用的结构主材与现浇混凝土建筑一样，包括混凝土原材料、钢筋、型钢等。

2.1.1　混凝土

装配式混凝土建筑施工用的混凝土材料根据性能不同又分为普通混凝土、轻质混凝土、装饰混凝土。

1. 普通混凝土

相较传统现浇建筑所用的普通混凝土来说，装配式混凝土建筑采用的混凝土和钢筋等材料的强度等级要高一些。我国行业标准《装配式混凝土结构技术规程》（JGJ 1—2014）要求“预制构件的混凝土强度等级不宜低于 C30；预应力混凝土预制构件的混凝土强度等级不宜低于 C40，且不应低于 C30；现浇混凝土的强度等级不应低于 C25”。

2. 轻质混凝土

受到装配式建筑拆分的制约，如对于一些大开间的墙板，由于重量太重，超出工厂或工地起重能力而无法做到整间板，这时可采用轻质混凝土做成整间板，为装配式建筑施工带来便利，如图 2-1 所示。

轻质混凝土主要是用轻质骨料来替代砂石。用于装配式混凝土建筑的轻质混凝土的轻质骨料必须是憎水型（即疏水型）的。轻质混凝土有较低的导热性和良好的防火保温性能，用于外墙板或夹心保温板的外叶板，可以减薄保温层的厚度。装配式混凝土建筑使用轻质混凝土，其物理力学性能应当符合有关混凝土国家标准的要求。

图 2-1　轻质混凝土内隔墙板

3. 装饰混凝土

装饰混凝土是指具有装饰功能的水泥基材料，包括清水混凝土、彩色混凝土、彩色砂浆等。装饰混凝土一般用于装配式混凝土建筑表皮，包括直接裸露的柱构件、剪力墙外墙板、装配式建筑幕墙外挂墙板、夹心保温构件的外叶板等。

2.1.2　钢筋

钢筋一方面用于预制构件的配筋，另一方面则用于制作预制构件连接材料，如螺旋加强筋、构件脱模或安装用的吊环、预埋件或内埋式螺母的锚固等。装配式混凝土建筑施工用的钢筋必须满足下列要求：

（1）钢筋的各项力学性能指标均应符合国家标准《混凝土结构设计规范》（GB 50010—2010）的规定。其中，行业标准《装配式混凝土结构技术规程》（JGJ 1—2014）规定采用套筒灌浆连接和浆锚搭接的钢筋应采用热轧带肋钢筋，其屈服强度标准值不应大于500MPa，极限强度标准值不应大于630MPa。

（2）在装配式混凝土建筑结构设计时，考虑连接套筒、浆锚螺旋筋、钢筋连接和预埋件相对现浇结构比较"拥挤"，宜选用大直径、高强度钢筋，以减少钢筋数量，避免间距过小给混凝土浇筑带来不利影响。

（3）钢筋焊接应符合行业标准《钢筋焊接网混凝土结构技术规程》（JGJ 114—2014）的规定。

（4）在预应力预制构件中会用到预应力钢丝、钢绞线和预应力螺纹钢筋等，其中以预应力钢绞线最为常用。预应力钢绞线应符合《混凝土结构设计规范》（GB 50010—2010）中相应的要求和指标。

（5）当预制构件的吊环用钢筋制作时，应按照行业标准《装配式混凝土结构技术规程》（JGJ 1—2014）的要求，采用未经冷加工的HPB300级钢筋制作。

（6）预制构件不能使用冷拔钢筋。当采用冷拉法调直钢筋时，必须控制冷拉率。光圆钢筋冷拉率小于4%，带肋钢筋冷拉率小于1%。

2.1.3　型钢

型钢是一种有一定截面形状和尺寸的条形钢材。按照钢的冶炼质量不同，型钢可分为普通型钢和优质型钢。普通型钢按照其断面形状又可分为工字钢、槽钢、角钢、圆钢等。型钢可以在工厂直接热轧而成，或采用钢板切割、焊接而成。

型钢的材料要求：装配整体式结构中，钢材的各项性能指标均应符合国家标准《钢结构设计标准》（GB 50017—2017）的规定，型钢钢材宜采用 Q235 等级 B、C、D 的碳素结构钢及 Q345 等级 B、C、D、E 的低合金高强度结构钢。它们的基本特点是强度高、自重轻、刚度大、材料均质性和各向同性好。

2.2　连 接 材 料

2.2.1　连接钢材

连接钢材应符合国家标准《碳素结构钢》（GB/T 700—2006）和《低合金高强度结构钢》（GB/T 1591—2018）的有关规定。连接钢筋应采用强度不小于 400MPa 的带肋钢筋。

此外浆锚搭接方式在浆锚孔周围用螺旋钢筋约束时，螺旋钢筋的材质应符合 2.1.2 节相关的要求。而钢筋的直径、螺旋圈直径和螺旋间距根据设计要求确定。

2.2.2　焊材

接点连接时，涉及钢筋与钢筋、钢筋与钢板、钢板与钢板间的连接，焊接用的焊条或焊剂需满足以下要求：

（1）手工焊接选用的焊条应符合国家标准《非合金钢及细晶粒钢焊条》（GB/T 5117—2012）、《热强钢焊条》（GB/T 5118—2012）的相关规定。

（2）自动焊接或半自动焊接选用的焊丝和焊剂，应符合国家标准《熔化焊用钢丝》（GB/T 14957—1994）的有关规定。

2.2.3　螺栓

普通螺栓是由头部和螺杆（带有外螺纹的圆柱体）两部分组成的一类紧固件，需与螺母配合，用于紧固连接两个带有通孔的零件。螺栓按照性能等级可划分为 3.6、4.6、4.8、5.6、5.8、6.8、8.8、9.8、10.9、12.9 十个等级，其中 8.8 级及以上螺栓属高强度螺栓。高强度螺栓连接件包括一个螺栓、一个螺母和一个垫圈。螺栓的制作精度分为 A、B、C 三个等级，普通螺栓应符合国家标准《六角头螺栓》（GB 5782—2016）和《六角头螺栓 C 级》（GB 5780—2016）的有关规定。

装配式混凝土建筑用到的螺栓包括楼梯和外挂墙板安装用的螺栓，宜选用高强度螺栓或不锈钢螺栓。高强度螺栓应符合国家标准《钢结构用高强度大六角头螺栓》(GB/T 1228—2006）的有关规定。高强度螺栓包括大六角头高强度螺栓、扭剪型高强度螺栓、钢网架螺栓球节点用高强度螺栓，如图 2-2 所示。内埋式螺栓是预埋在混凝土中的螺栓，螺栓端部焊接于锚固钢筋上。焊接时应选用与螺栓和钢筋适配的焊条。

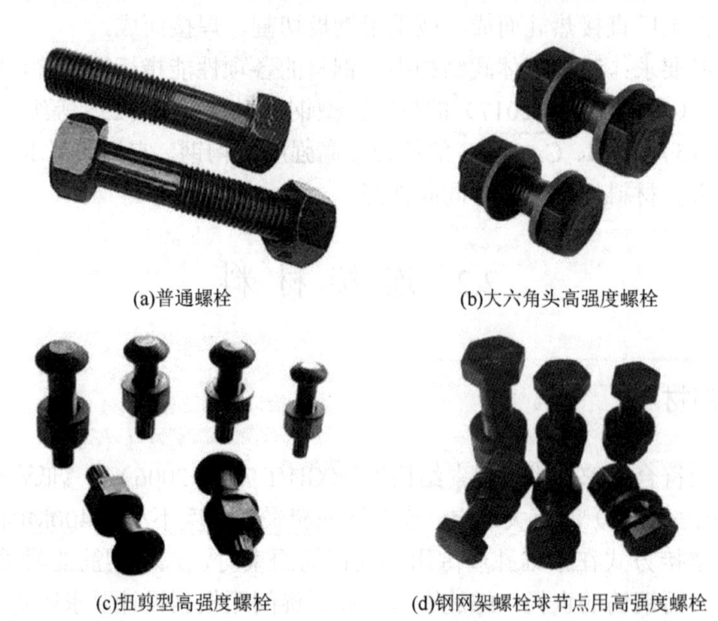

(a)普通螺栓　(b)大六角头高强度螺栓

(c)扭剪型高强度螺栓　(d)钢网架螺栓球节点用高强度螺栓

图 2-2　装配式混凝土建筑常用螺栓连接件

2.2.4　灌浆套筒

灌浆套筒用于钢筋连接，如图 2-3、图 2-4 所示。两端均采用套筒灌浆料连接的套筒为全灌浆套筒；一端采用套筒灌浆连接方式，另一端采用机械连接方式（如螺旋方式）的套筒为半灌浆套筒。灌浆套筒是预制混凝土建筑最主要的连接构件，主要用于纵向钢筋的连接。

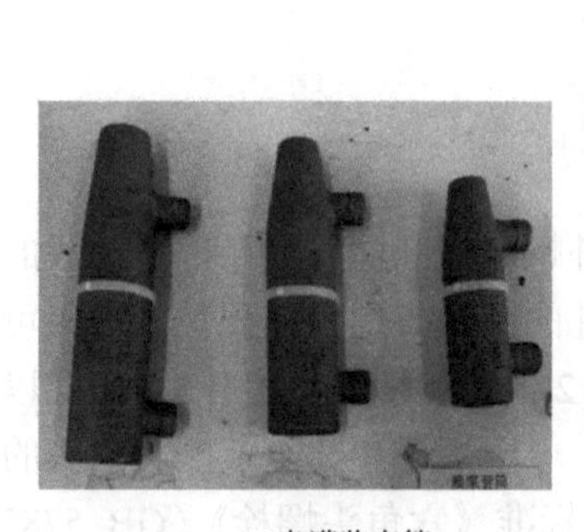

(a)半灌浆套筒

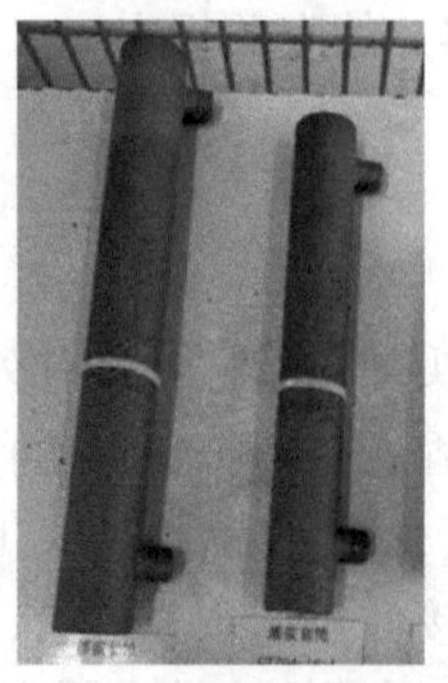

(b)全灌浆套筒

图 2-3　灌浆套筒

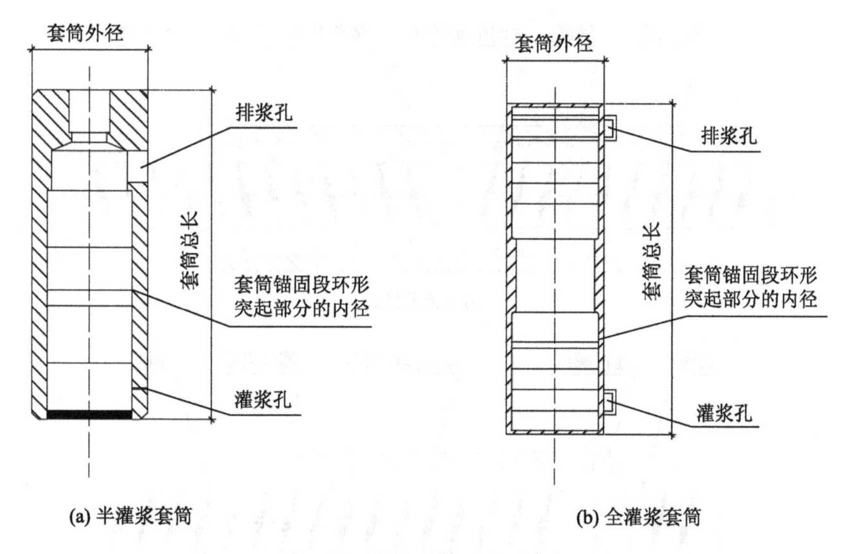

图 2-4　灌浆套筒剖面示意图

钢筋套筒的使用和性能应符合行业标准《钢筋套筒灌浆连接应用技术规程》(JGJ 355—2015)、《钢筋连接用灌浆套筒》（JG/T 398—2019）的规定。其中行业标准《钢筋套筒灌浆连接应用技术规程》（JGJ 355—2015）明确规定：“钢筋套筒灌浆连接接头的抗拉强度不应小于连接钢筋抗拉强度标准值，且破坏时应断于接头外钢筋。”

2.2.5　机械套筒与注胶套筒

预制结构连接节点后浇筑混凝土区域的纵向钢筋连接会用金属套筒。后浇区套筒先套在一根钢筋上，与另一根钢筋对接就位后，套筒移到两根钢筋中间，或螺旋方式或注胶方式将两根钢筋连接，如图 2-5 所示，因此可分为机械套筒和注胶套筒。机械套筒和注胶套筒的材质要求与灌浆套筒一样。

（1）机械套筒：机械套筒包括钢筋套筒挤压连接、钢筋锥螺纹套筒连接、钢筋滚压直螺纹连接三种类型。最常用的是螺纹连接。

（2）注胶套筒：注胶套筒是日本应用较多的钢筋连接方式，用于连接后浇区受力钢筋，特别适合连接梁的纵向钢筋。

2.2.6　浆锚孔波纹管

浆锚孔波纹管是浆锚搭接连接方式用的材料，如图 2-6 所示，预埋于预制混凝土构件中，形成浆锚孔内壁。钢筋浆锚搭接中，当采用预埋金属波纹管时，宜采用软钢制作，波纹高度不应小于 3mm，壁厚不宜小于 0.4mm。表面镀锌层重量不宜小于 $60g/m^2$ 。金属波纹管性能应符合行业标准《预应力混凝土用金属波纹管》（JG 225—2020）的规定。

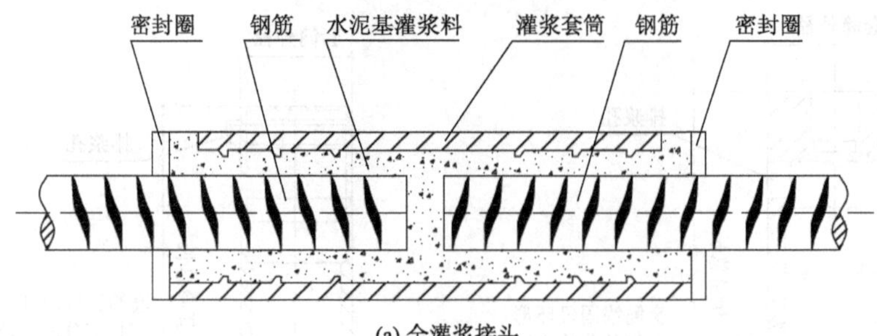

(a) 全灌浆接头

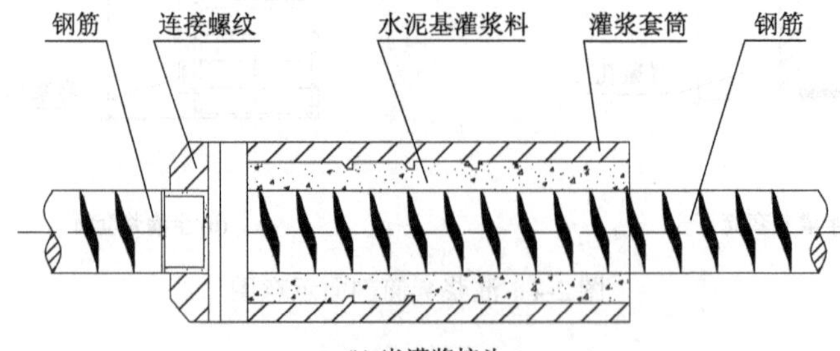

(b) 半灌浆接头

图 2-5　灌浆接头结构示意图

图 2-6　浆锚孔波纹管

2.2.7　夹心保温构件连接件

夹心保温板即“三明治”板，是两层钢筋混凝土板中间夹着保温材料的预制混凝土外墙构件，见图 2-7。两层钢筋混凝土板（内叶板和外叶板）靠连接件连接。

连接件有金属和非金属之分。非金属连接件材质由高强玻璃纤维和树脂制成，导热系数低，应用方便。金属连接件为不锈钢材质，包括不锈钢杆、不锈钢板和不锈钢圆筒。

夹心保温板内部连接件（图 2-8）是用于连接预制保温墙体内、外层混凝土墙板，传递墙板剪力，以使内外层墙板形成整体的连接器。连接件宜选用纤维增强复合材料或不锈钢薄钢板加工制成。供应商应提供明确的材料性能和连接性能技术标准要求。当有可靠依据时，也可以采用其他类型连接件。

图 2-7　夹心保温板

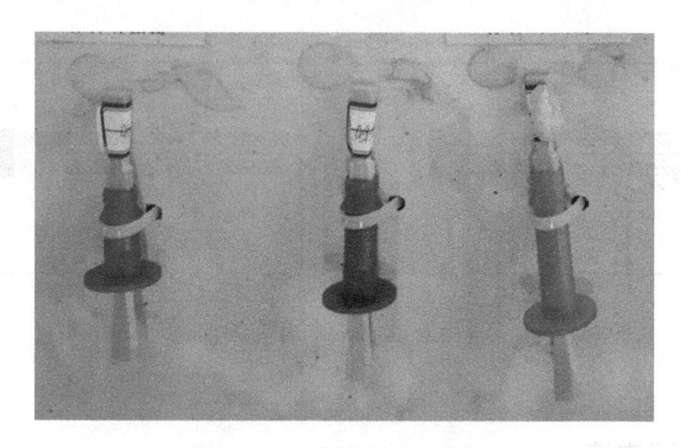

图 2-8　夹心保温板内部连接件

夹心外墙板中内外墙板的连接件应符合下列规定：

（1）金属及非金属材料连接件均应具有规定的承载力、抗变形和耐久性能，并应经过试验验证。

（2）连接件应满足夹心外墙板的节能设计要求。

预制夹心保温墙板中内外墙体用连接件应满足下列规定：

（1）连接件采用的材料应满足现行国家标准的技术要求。

（2）连接件与混凝土的锚固力应符合设计要求，还应具有良好的抗变形能力，并应满足防腐和耐久性要求。

（3）连接件的密度、拉伸强度、拉伸弹性模量、断裂伸长率、热膨胀系数、耐碱性、防火性能、导热系数等性能应满足现行国家相关标准的规定，并应经过试验验证。

（4）连接件应满足夹心外墙板的节能设计要求。

连接件的设置方式应满足以下要求：

（1）棒状或片状连接件宜采用矩形或梅花形布置，间距一般为 400～600mm，连接件与墙体洞口边缘距离一般为 100～200mm，当有可靠依据时，也可按设计要求确定。

（2）连接件的锚入方式、锚入深度、保护层厚度等参数应满足现行国家相关标准的规定。

2.2.8　钢筋锚固板

装配式框架、装配式剪力墙等结构中的顶层、端缘部的现浇节点处的钢筋无法连接，或者连接难度大，不方便施工时，须将受力钢筋采用直线锚固、弯折锚固、机械锚固（如锚固板）等连接方式，锚固在后浇节点内以达到连接的要求，并以此来增加装配式建筑的刚度和整体性能。

钢筋锚固板是设置于钢筋端部用于锚固钢筋的承压板，如图 2-9 所示。在预制混凝土建筑中用于后浇区节点受力钢筋的锚固。钢筋锚固板的材质有球墨铸铁、钢板、锻钢和铸钢 4 种。

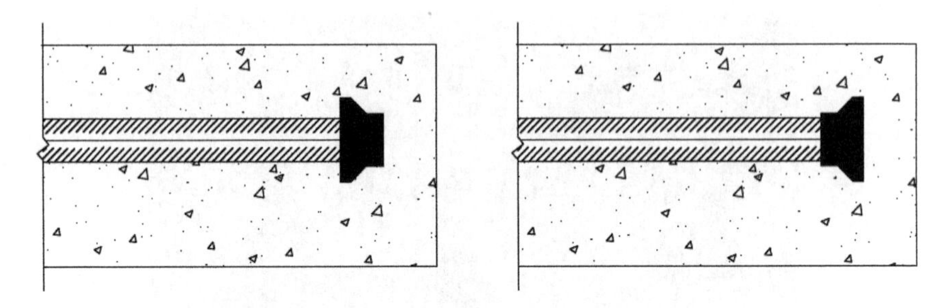

图 2-9　钢筋锚固板示意图

2.2.9　混凝土湿连接

混凝土湿连接主要指预制件与后浇混凝土的连接。为加强预制件与后浇混凝土之间的连接，预制部件与后浇混凝土的结合面处应预先留置相应的粗糙面和抗剪键槽。

1. 粗糙面

预留粗糙面即通过外力使预制部件与后浇混凝土结合处变得粗糙，露出碎石等集料。其通常有人工凿毛法、机械凿毛法、缓凝水冲法三种方法。其中缓凝水冲法是指在部品构件混凝土浇筑前，将含有缓凝剂的浆液涂刷在模板壁上；浇筑混凝土后，利用已浸润缓凝剂的表面混凝土与内部混凝土的缓凝时间差，用高压水冲洗未凝固的表层混凝土，冲掉表面浮浆，显露出集料，形成粗糙的表面，如图 2-10 所示。缓凝水冲法是混凝土结合面粗糙度处理的一种新工艺，具有成本低、效果佳、效率高且易于操作的优点，目前应用广泛。

图 2-10　预制混凝土洗水样板

2. 键槽连接

装配式建筑的预制梁、预制柱及预制剪力墙断面处需设置抗剪键槽，键槽设置尺寸及位置应符合装配式建筑的设计及相关规范的要求。键槽面也应进行粗糙处理。

2.3　灌 浆 材 料

2.3.1　套筒灌浆料

钢筋连接用套筒灌浆料以水泥为基本材料，并配以细骨料、外加剂及其他材料混合成干混料，按照规定比例加水搅拌后，具有流动性、早强、高强及硬化后微膨胀的特点。

钢筋连接用套筒灌浆料应符合行业标准《钢筋套筒灌浆连接应用技术规程》（JGJ 355—2015）和《钢筋连接用套筒灌浆料》（JG/T 408—2019）的有关规定。灌浆料技术性能要求可参见表 2-1。套筒灌浆料与套筒配套选用应按照产品设计说明要求进行配置，灌浆料应按照其说明进行加水搅拌，使用的环境温度一般不宜低于 5℃。

表 2-1　灌浆料技术性能要求

检测项目		性能指标
流动度/mm	初始	≥300
	30min	≥260
抗压强度/ MPa	1d	≥35
	3d	≥60
	28d	≥85
竖向自由膨胀率/%	24h 与 3h 差值	0.02～0.5
氯离子含量/%		≤0.03
泌水率/%		0

2.3.2　浆锚搭接灌浆料

浆锚搭接用的灌浆料也是以水泥为基本材料，但抗压强度低于套筒灌浆料。这是因为浆锚孔壁的抗压强度低于套筒。具体灌浆料性能要求可参见《装配式混凝土结构技术规程》（JGJ 1—2014）。

浆锚搭接连接是基于黏结锚固原理进行连接的方法，其在竖向结构部品下段范围内，预留出竖向孔洞，孔洞内壁表面留有螺纹状粗糙面，周围配有横向约束螺旋箍筋。装配式构件将下部钢筋插入孔洞内，通过灌浆孔注入灌浆料，直至排浆孔溢出灌浆料时停止灌浆；当灌浆料凝结后即将此部分连接成一体。钢筋浆锚搭接连接用灌浆料应采用专业厂家生产的水泥基灌浆料，其工作性能应符合表 2-2 的要求。

表 2-2　钢筋浆锚搭接连接工作性能要求

项目		性能指标	试验方法
泌水率/%		0	GB/T 50080—2016
流动度/mm	初始	≥200	GB/T 50080—2016
	30min 保留值	≥150	
竖向膨胀率/%	3h	≥0.02	GB/T 50448—2015
	24h 与 3h 的膨胀值之差	0.02～0.5	
抗压强度/ MPa	1d	≥35	GB/T 50448—2015
	3d	≥55	
	28d	≥80	
氯离子含量/%		≤0.06	GB/T 8077—2012

2.4　密 封 材 料

2.4.1　建筑密封胶

建筑密封胶主要有硅酮、聚氨酯、聚硫等材料，选用时应分别符合国家标准《硅酮和改性硅酮建筑密封胶》（GB/T 14683—2017）、《聚氨酯建筑密封胶》（JC/T 482—2003）、《聚硫建筑密封胶》（JC/T 483—2006）的规定。密封胶的四大主要性能指标为：防霉、防火、防水和耐候，此外密封胶应与混凝土具有相容性，以及具备一定的变位承受能力。预制混凝土建筑外墙板和外墙构件接缝所用建筑密封胶的宽度和厚度应通过计算确定。

目前市面上较好的建筑密封胶主要是 MS 聚合物基胶。MS 聚合物基产品不含硅酮组分和溶剂，多数配方无味且可喷涂。MS 基胶黏剂和密封胶的固有弹性，可吸收和补偿动态载荷，均匀传递受力，防止材料过早疲劳。MS 基材料可实现多种基材间的黏接。MS 聚合物基胶的典型特点是无须表面处理，如底涂剂，MS 聚合物通过持续暴露于湿气中实现交联或固化。

2.4.2　密封橡胶条

预制混凝土建筑所用密封橡胶条多用于板缝节点，与建筑密封胶共同构成多重防水系统。密封橡胶条是环形空心橡胶条，应具有较好的弹性、可压缩性、耐候性和耐久性。防水密封胶条应有产品合格证和出厂检验报告，质量和耐久性应满足国家相关标准要求。制作时，防水密封胶条不应在构件转角处搭接，节点防水的检查措施应到位。

2.5　预 埋 材 料

2.5.1　预埋材料基本要求

装配式混凝土建筑预制构件所用预埋件及门窗框应满足以下要求：

（1）预埋件的材料、品种、规格、型号应符合国家相关标准的规定和设计要求。

（2）预埋管线的材料、品种、规格、型号应符合国家相关标准的规定和设计要求。

（3）预埋门窗框应有产品合格证和出厂检验报告，品种、规格、性能、型材壁厚、连接方式等应满足设计要求和国家相关标准的要求。

（4）预埋件的材料、品种应按照预制构件制作图进行制作，并准确定位，预埋件的设置及检测应满足设计及施工要求。

（5）预埋件应按照不同材料、不同品种、不同规格分类存放并标识。

（6）预埋件应进行防腐防锈处理并应满足国家标准《工业建筑防腐蚀设计标准》（GB/T 50046—2018）、《涂覆涂料前钢材表面处理　表面清洁度的目视评定》（GB/T 8923.1～GB/T 8923.4）的有关规定。

（7）预埋管线的防腐防锈应满足国家标准《工业建筑防腐蚀设计标准》（GB/T 50046—2018）和《涂覆涂料前钢材表面处理　表面清洁度的目视评定》（GB/T 8923.1～GB/T 8923.4）的规定。

（8）当门窗（副）框直接安装在预制构件中时，应在模具上设置弹性限位件进行固定；门窗框应采取包裹或者覆盖等保护措施，生产和吊装运输过程中不得污染、划伤和损坏。

2.5.2　预埋螺栓和预埋螺母

预埋螺栓（图 2-11）是将螺栓预埋在预制混凝土构件中，留出的螺栓丝扣用来固定构件，可起到连接固定作用。常见的做法是预制挂板通过在构件内预埋螺栓与预制叠合板或者阳台板进行连接，还有为固定其他构件而预埋螺栓。与预埋螺栓相对应的另一种方式是预埋螺母。预埋螺母的好处是，构件的表面没有突出物，便于运输和安装，如内丝套筒（图 2-12）属于预埋螺母。对于小型预制混凝土构件，预埋螺栓和预埋螺母在不影响正常使用和满足起吊受力性能的前提下也可当作吊钉使用。

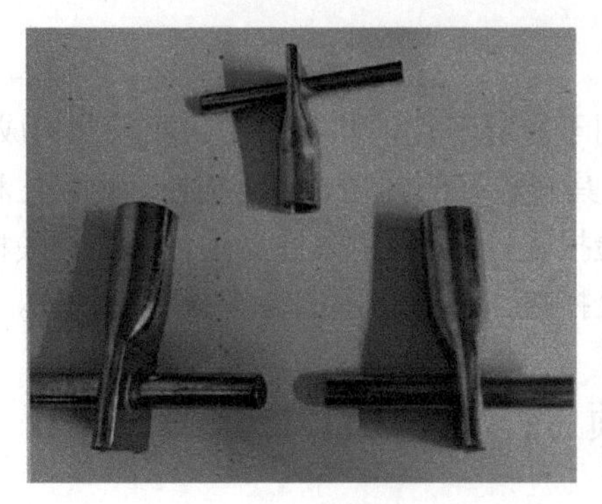

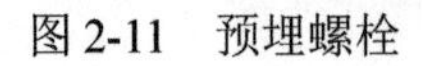

图 2-11　预埋螺栓　　　　图 2-12　内丝套筒

2.5.3　预埋吊钉

预制混凝土构件过去的预埋吊件主要为吊环，现在多采用吊钉，主要分为圆头吊钉、套筒吊钉、平板吊钉等，如图 2-13 所示。

(a)圆头吊钉

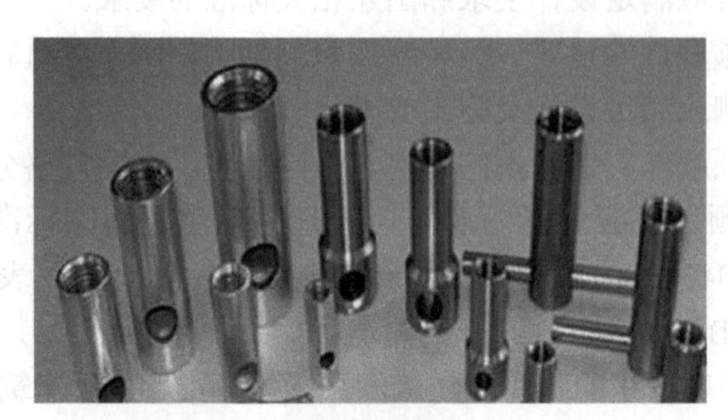

(b)套筒吊钉

(c)平板吊钉

图 2-13　常用三类吊钉

（1）圆头吊钉（图 2-14）适用于所有预制混凝土构件的起吊，例如墙体、柱子、横梁、水泥管道。常用规格有 1.3T、2.5T、5T 等。吊钉的选择暂无国家标准规定，需要根据拉力要求选择合适的型号。吊钉主要用于预制构件的起吊与脱模，分为带孔与不带孔两种。不带孔的吊钉适用于内墙、梁、楼梯等大型预制构件，构件荷载通过圆脚传递到周围混凝土中。吊钉螺杆规格有 8mm、12mm、16mm 等。

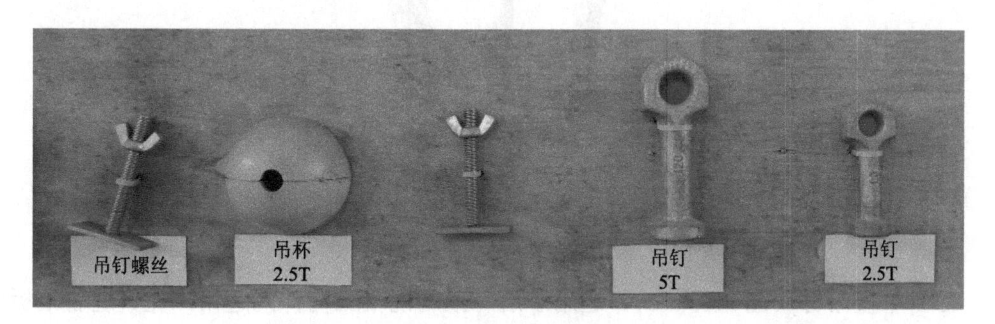

图 2-14　吊钉螺丝、圆头吊钉

吊杯规格有 1.3T、2T、2.5T、5T、7.5T（安全荷载），用于配合圆头吊钉使用，在预埋吊钉的时候形成保护腔，避免混凝土覆盖吊钉。还有一种带孔眼的圆头吊钉，通常在其尾部的孔中拴上锚固钢筋，以增强圆头吊钉在预制混凝土中的锚固力。圆头吊钉、吊杯的安装示意图如图 2-15 所示。

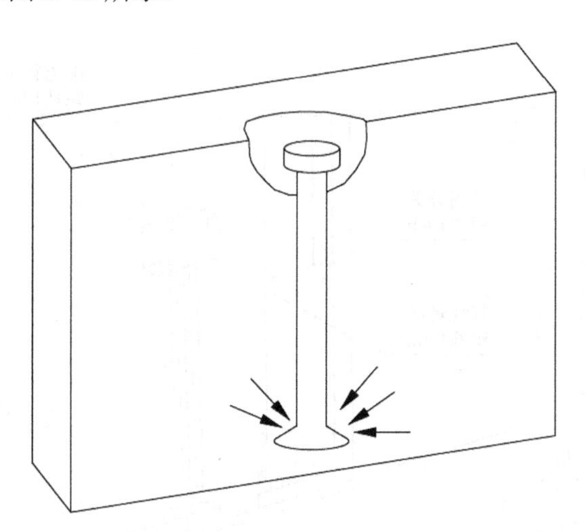

图 2-15　圆头吊钉、吊杯安装示意图

（2）套筒吊钉（图 2-13（b））使用后预制混凝土构件表面平整；但缺点是若在螺纹接驳器的丝杆拧入套筒过程中，丝杆未拧到位或者受到损伤均会降低起吊能力，故不适用于大型构件。套筒吊钉安装示意图如图 2-16 所示。

图 2-16　套筒吊钉安装示意图

（3）平板吊钉（图 2-13（c））适用于所有预制混凝土构件的起吊，尤其适合墙板类薄型构件。平板吊钉种类繁多，选用时应根据厂家的产品手册和指南选用。平板吊钉的优点是起吊方式简单、安全可靠，目前应用得越来越广泛。

（4）预埋管线。预埋管线是指在预制构件中预先留设管道、线盒，如图 2-17、图 2-18 所示。预埋管线是用来穿管或留洞口为水、电、气、通信等设备服务的通道，例如，在建筑设备安装时用于穿各种管线用的通道，如强弱电、给水、煤气等，通常为钢管、铸铁管或 PVC 管。

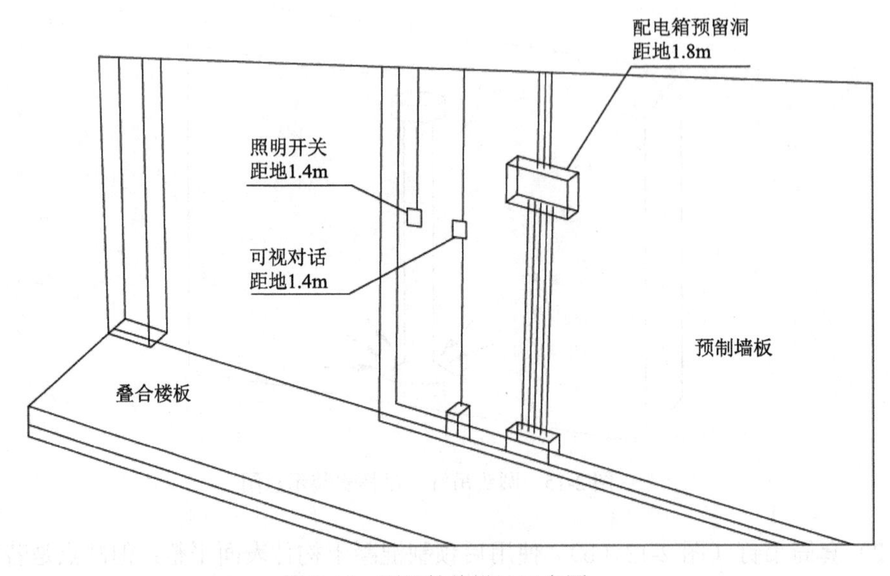

图 2-17　预埋管线设计示意图

(a)预制构件中预埋管线

(b)预制构件管线线盒

图 2-18　墙体的预埋管线及管线线盒

2.6　保 温 材 料

保温材料依据其性质大体上可分为有机材料、无机材料和复合材料。不同保温材料的性能各异。衡量保温材料的重要指标是材料的导热系数，材料的导热系数越小，其保温性能就越好。

预制夹心保温构件的保温材料应符合以下要求：

（1）预制夹心保温构件的保温材料除应符合现行国家和地方标准的要求外，还应符合设计和当地消防部门的相关要求。

（2）保温材料和填充材料应按照不同材料、不同规格进行储存，应具有相应的防护措施。

（3）保温材料和填充材料在进厂时应查验其出厂检验报告和合格证明书，同时，按规定要求进行复检。

夹心外墙板宜采用挤塑聚苯板或聚氨酯保温板作为保温材料。夹心外墙板中的保温材料导热系数不宜大于 0.040W/（m·K），吸水率（体积比）不宜大于 0.3%，燃烧性能不应低于现行国家标准《建筑材料及制品燃烧性能分级》（GB 8624—2012）中 B2 级的要求。

2.7　装 饰 材 料

当装配式建筑采用全装修方式建造时，还可能用到外装饰材料，如涂料和面砖、特种材料饰面等。其材料性能质量应满足现行相关标准和设计要求。当采用面砖饰面时，宜选用背面带燕尾槽的面砖，燕尾槽尺寸应符合工程设计和相关标准要求。其他外装饰材料应符合相关标准的规定。

外装饰材料应符合以下要求：

（1）石材、面砖、饰面砂浆及真石漆等外装饰材料应有产品合格证和出厂检验报告，质量应满足现行相关标准的要求。装饰材料进厂后应按规范要求进行复检。

（2）石材和面砖应按照预制构件设计图编号、品种、规格、颜色、尺寸等分类标识存放。

（3）当使用石材或瓷砖饰面时，其抗拔力应满足相关规范及安全使用的要求。当使用石材饰面时，应进行防返碱处理。厚度在25mm以上的石材宜采用卡件连接。瓷砖背沟深度应满足相关规范的要求。面砖采用反贴法时，使用的黏结材料应满足现行相关标准的要求。

思 考 题

1. 装配式建筑施工用材料包含哪些类型？
2. 灌浆连接材料与浆锚连接材料有哪些异同点？
3. 密封材料需要满足哪些基本性能指标？
4. 预埋材料需满足哪些基本要求？
5. 保温材料主要包含哪些类型？

第3章　装配式混凝土建筑施工组织设计

3.1　施工组织设计大纲

3.1.1　主要编制依据

原则上要把设计图纸，相关规范、规程，主要法律、法规和规范性文件等依据对象列出。目前装配式建筑依据的规范、规程主要有：

（1）《建筑施工组织设计规范》（GB/T 50502—2009）；

（2）《装配式混凝土结构技术规程》（JGJ 1—2014）；

（3）《混凝土结构工程施工规范》（GB 50666—2011）；

（4）《混凝土结构工程施工质量验收规范》（GB 50204—2015）；

（5）《钢筋连接用灌浆套筒》（JG/T 398—2019）；

（6）《钢筋机械连接技术规程》（JGJ 107—2016）；

（7）《钢筋套筒灌浆连接应用技术规程》（JGJ 355—2015）；

（8）《装配整体式混凝土结构施工及质量验收规范》（DGJ 08-2117—2012）；

（9）《装配整体式混凝土结构预制构件制作与质量检验规程》（DGJ 08-2069—2016）；

（10）《装配整体式混凝土结构预制构件制作与质量检验规程》（DGJ 08-2069—2016）；

（11）《装配式混凝土建筑技术标准》（GB/T 51231—2016）；

（12）《装配整体式混凝土构件图集》（DBJT 08-121—2016）等。

3.1.2　主要内容

针对装配式混凝土建筑的工序工种繁多、施工和预制件吊装作业广泛交叉等特点。装配式混凝土建筑施工组织的编制需要设计单位、工厂、施工企业、其他外围加工企业和监理等诸单位密切配合，重点围绕工程的整体规划设计和施工总体目标进行编制。在编制施工组织设计大纲时应符合现行国家标准《建筑施工组织设计规范》（GB/T 50502—2009）的相关规定，主要包含如下几个方面的内容。

1. 工程概况

工程概况中除了应包含传统施工工艺在内的项目建筑面积、结构单体数量、结构概况、建筑概况等内容外，同时还应详细说明本项目所采用的装配式建筑结构体系、预制率、预制构件种类、重量及分布，另外还应说明本项目应达到的安全和质量的管理目标等相关内容。

2. 施工管理体制

施工单位应根据工程发包时约定的承包模式，如施工总承包模式、设计施工总承包模式、装配式建筑专业承包等不同的模式进行组织管理、建立组织管理体制，并结合项目的实际情况详细阐述管理体制的特点和要点，明确需要达到的项目管理目标。

3. 施工进度总计划

在编制施工工期规划前应明确项目的总体施工流程、预制构件制作流程、标准层施工流程等内容。通过各环节的模拟推演，确定各施工环节衔接的原则与顺序。总体施工流程中应考虑预制构件的吊装与传统现浇结构施工的交叉作业。明确两者之间的界面划分及相互之间的协调。此外，在施工工期规划时应考虑起重设备、作业工种等的影响，尽可能做到流水作业，提高施工效率，缩短工期。

4. 临时设施布置计划

除了传统的生活办公设施、施工便道、仓库及堆场外，还应根据项目预制构件的种类、数量、临时存放位置等，结合运输条件，设置预制构件专用堆场及运输专用便道。堆场设置应结合预制构件的大小、重量和种类，考虑施工便利、现场垂直运输设备吊运半径和场地承载力等条件，专用便道布置应考虑满足构件运输车辆通行的承载能力及转弯半径等要求。

5. 预制构件生产计划

预制构件生产计划应结合准备的模具种类及数量、预制厂综合生产能力安排，并结合施工现场总体施工计划编制，尽可能做到单个施工楼层生产计划与现场吊装计划相匹配，同时在生产过程中必须根据现场施工吊装计划进行动态调整。

6. 预制构件进场存放计划

施工现场必须根据施工工期计划合理编制构件进场存放计划。预制构件的存放计划既要保证现场存货满足施工需要，又要确保现场备货数量在合理范围内，以防存货过多占用过大堆场面积，一般要求提前一周将进场计划报至构件厂，提前2～3天将构件运输至现场堆置。

7. 预制构件吊装计划

预制构件吊装计划必须与整体施工计划匹配，结合标准层施工流程编制标准吊装施工计划，在完成标准层吊装计划基础上，结合整体计划编制项目的预制构件吊装整体计划。

8. 质量管理计划

在质量管理计划中应明确质量管理目标，围绕质量管理目标，针对预制构件制作和吊装施工以及各不同施工层的重点质量管理内容进行质量管理规划和组织实施。

9. 安全文明管理计划

在安全文明管理计划中应明确其管理目标，并围绕管理目标，重点展开预制构件制作和吊装施工以及各不同施工层的重点安全管理内容进行安全与文明施工管理规划和组织实施。

10. 其他管理计划

除上述管理计划外，还应包括绿色施工管理计划、防火保安管理计划、合同管理计划、组织协调管理计划、创优质工程管理计划、质量保修管理计划以及对施工现场的人力资源、施工机具、材料设备等生产要素的管理计划。其他管理计划可根据项目的特点和复杂程度加以取舍。

以上各项管理计划的内容应有目标、有组织机构、有资源配置、有管理制度和相应的技术以及组织措施等。根据国家标准《建筑施工组织设计规范》(GB/T 50502—2009)的编制流程，针对装配式混凝土建筑施工组织总设计可参照编制并增添专项施工内容，装配式建筑施工组织总设计如图 3-1 所示。

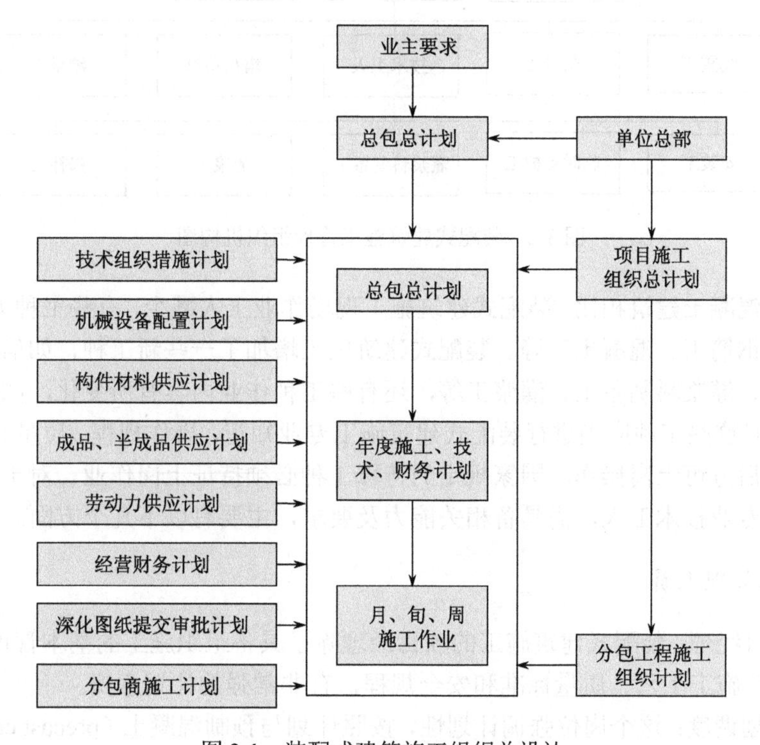

图 3-1　装配式建筑施工组织总设计

3.2 施 工 准 备

3.2.1 人员技术准备

技术准备是施工准备的核心。由于任何技术的差错或隐患都可能引起人身安全和工程质量事故，造成生命、财产的巨大损失，因此在施工开始前，须由项目工程师召集各相关岗位人员集中共同熟悉、审查施工图纸和相关施工资料，切实解决疑难问题和有效处理现场可能存在的施工问题和矛盾。

装配式混凝土建筑施工与现浇钢筋混凝土结构施工有诸多不同。很多施工阶段的工作需要前移到设计阶段考虑，如构件拆分对吊装条件的考虑，吊装和临时支撑预埋构件的设计、灌浆工艺设计等。因此技术人员的配置与传统现浇结构也会有很大的不同，装配式建筑项目需要配置的人员分为施工管理人员和专业技术工人。这里给出一个装配式建筑施工管理组织机构图以示参考，如图 3-2 所示。

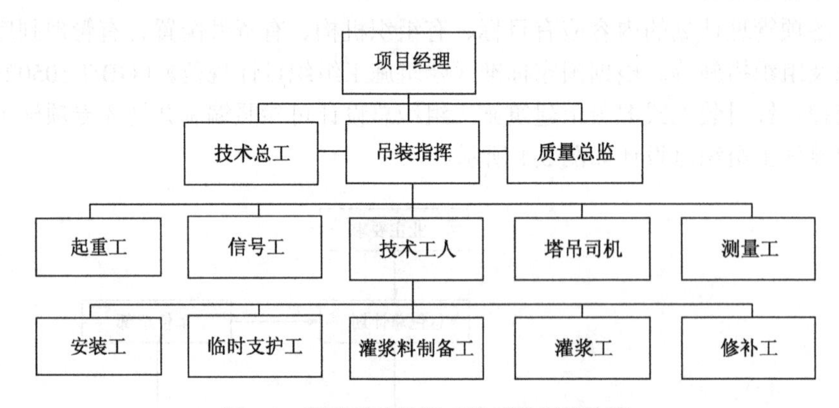

图 3-2　装配式建筑施工管理组织机构图

与现浇混凝土建筑相比，装配式建筑施工现场作业工人减少，有些工种大幅度减少，如模具工、钢筋工、混凝土工等。装配式建筑施工增加了一些新工种，如信号工、起重工、安装工、灌浆料制备工、灌浆工等，还有些工种作业内容有所变化，如测量工、塔吊司机等。对这些工种应当进行装配式建筑施工专业知识、操作规程、质量和安全培训，需考试合格后方可上岗操作。国家规定的特殊工种必须持证上岗作业。对于装配式施工管理人员和专业技术工人，需具备相关能力及要求，主要有以下几个方面。

1. 施工管理人员

（1）项目经理：装配式建筑施工的项目经理除了具备组织施工的基本管理能力之外，应当熟悉 PC 施工工艺、质量标准和安全规程，有非常强的计划意识。

（2）计划调度：这个岗位强调计划性，按照计划与预制混凝土（precast concrete, PC）工厂衔接，对现场作业进行调度。

（3）质量控制与检查：对进场 PC 构件的质量和外观完好程度进行检查，对前道工序质量和可安装性进行检查。

（4）吊装指挥：吊装作业的指挥人员，熟悉 PC 构件吊装工艺和质量要点等。有计划、组织、协调能力；具有良好的安全意识、质量意识、责任心强；对各种现场情况，有应对能力。

（5）技术总工：对 PC 施工技术各个环节熟悉，负责施工技术方案及其工程措施的制定、计划安排、技术培训和现场技术问题处理等。

（6）质量总监：对 PC 构件出厂的标准、PC 施工材料检验标准和施工质量标准熟悉，负责编制质量方案和操作规程，组织各个环节的质量检查等。

2. 专业技术工人

（1）测量工：进行构件安装三维方向和角度的测量与控制。熟悉轴线控制与界面控制的测量定位方法，确保构件在允许误差内安装就位。

（2）塔吊司机：PC 构件重量较重，安装精度在几毫米以内，多个甚至几十个套筒或浆锚孔对准钢筋，要求装配式建筑工程的塔吊司机比现浇混凝土工地的塔吊司机有更精细准确吊装的能力与经验。

（3）信号工：也称吊装指令工，向塔吊司机传递吊装信号。信号工应熟悉 PC 构件的安装流程和质量要求，全程指挥构件的起吊、降落、就位、脱钩等。该工种是 PC 安装保证质量、效率和安全的关键工种，技术水平要高，质量意识、安全意识和责任心均应很强。

（4）起重工：负责吊具准备、起吊作业时挂钩、脱钩等作业，须了解各种构件名称及安装部位，熟悉构件起吊的具体操作方法和规程、安全操作规程、吊索吊具的应用等，富有现场操作经验。

（5）安装工：负责构件就位、调节标高支垫、安装节点固定等作业。熟悉不同构件节点的固定要求，特别是固定节点、活动节点固定的区别。熟悉图样和安装技术要求。

（6）临时支护工：负责构件安装后的支撑、施工临时设施安装等作业。熟悉图样及构件规程、型号和构件支护的技术要求。

（7）灌浆料制备工：负责灌浆料的搅拌制备，熟悉灌浆料的性能要求及搅拌设备的机械性能，严格执行灌浆料的配合比及操作规程，经过灌浆料厂家培训及考试合格后持证上岗，质量意识、责任心强。

（8）灌浆工：负责灌浆作业，熟悉灌浆料的性能要求及灌浆设备的机械性能，严格执行灌浆料操作流程及规程，经过灌浆料厂家培训及考试合格后持证上岗，质量意识、责任心强。

（9）修补工：对因运输与吊装过程中构件的磕碰进行修补，了解修补用料的配合比，熟悉各种磕碰产生缺陷的修补方案，也可委托给构件生产工厂进行修补。

3.2.2　施工机械准备

装配式混凝土建筑施工过程中需要用到的施工机械包括：起重机、混凝土泵、可调斜支撑、预埋件、木方、撬棍、吊具、卡环、垫片、靠尺等。根据《装配式混凝土结构技术规程》（JGJ 1—2014）和国家现行有关标准的规定，对起重机械及吊装机械进行设计、验算。吊具应根据预制构件形状、尺寸及重量等参数进行配置。图 3-3 给出了装配式混凝土建筑施工过程中主要用到的三类施工机械：起重机械、吊具和混凝土泵的可选类型。

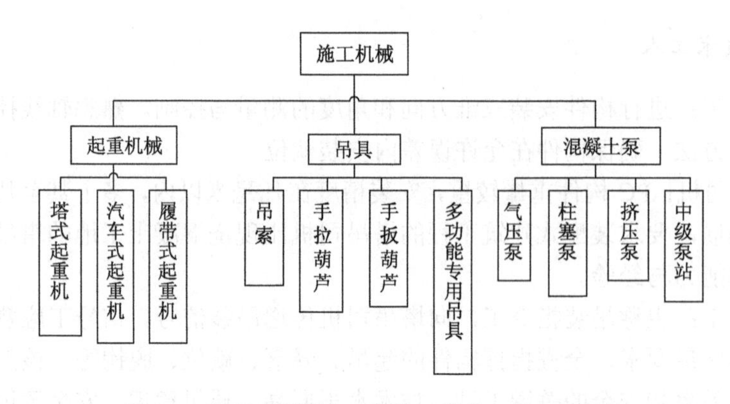

图 3-3　装配式混凝土建筑施工用的三类主要机械

1. 起重机械的配置

装配式混凝土建筑施工用的起重机械可分为塔式起重机、汽车式起重机、履带式起重机等。

塔式起重机，俗称塔吊。塔吊主要由吊臂、塔柱和底座组成。塔吊一般有两种：鞍臂塔式起重机和动臂塔式起重机。塔吊安装结构包括轨道式装置、固定式装置、爬升装置。塔吊主要用于中高层装配式建筑的预制构件吊装施工，同时也可作为工程施工时其他材料的垂直运输使用。塔吊的布置和选型主要考虑以下原则：

(1)对现场使用的塔吊进行合理规划可使现场所有工种有效和高效地利用起重设备，而不出现任何频繁的等候时间或塔吊闲置。

（2）通常建议将塔吊布置在建筑物两翼之间的无顶空间，且布置在建筑物的长边，可以控制在更加广阔的工作面，保证尽量减少工作死角。

（3）塔吊的选型需要考虑最重预制构件重量及其位置，使得塔吊能够满足最重构件起吊要求。并根据其余各类构件重量、大钢模重量及其与塔吊相对关系对已经选定的塔吊进行校验。

（4）考虑群塔作业影响，限制塔吊相互关系与臂长，并尽可能使塔吊所承担的吊运作业区域大致均衡。

（5）高层建筑施工中（12 层以上或大于 24m），可以布置自升式或爬升式塔吊，同时一般配置若干台固定升降机配合作业。

（6）塔吊选型完成后，根据预制构件重量与其安装部位相对关系进行道路布置与堆场布置。构件堆场、材料仓库、搅拌站的位置尽量分布在起重机的半径范围之内，方便构件及各类材料的运输、装卸。

履带式起重机或汽车式起重机：俗称移动式起重机。在装配式建筑施工中，这类起重机械主要用于预制构件进场验收合格后的卸货以及场内的驳运等。对于低层装配式建筑或高层建筑的低层区，可以用汽车式起重机进行预制构件的吊装。

起重设备的选择应建立在满足预制构件吊装的跨度、高度和重量及吊装工程量等要求的基础上进行。根据起重机的起重量 Q、起重高度 H 和工作幅度 R（回转半径）三个主要工作参数来确定起重机的型号。起重机械的配置对于装配式建筑施工而言，是架起了一条施工“大动脉”。因此，为了实现施工组织立体交叉、均衡有序地吊装施工流水作业，起重机械的合理选型至关重要。进行起重机选型时，要根据施工场地条件、建筑物形状和预制构件的运输路径等要素综合决定。

2. 吊具的配置

由于预制构件类型多、重量大、形状多样和重心不同等，预制构件的吊点应提前设计好，根据预留吊点的布置情况选择相应的吊具。无论采用几个吊点吊装，都要始终使吊钩和吊具的连接点以垂线形式通过被吊构件的重心，这直接关系到吊装操作的安全。为使预制构件吊装稳定，不出现摇摆、倾斜、转动、翻倒等现象，应通过计算合理地选择合适的吊具。

3. 混凝土泵的配置

对于超高层建筑，施工时有时还会用到混凝土泵，混凝土泵有气压泵、柱塞泵及挤压泵等几种类型。不同型号的混凝土泵每小时的可泵送混凝土方量也不同，一般为 8～60m^3，有的可达 160m^3；水平距离为 200～400m，最大可达 700m；垂直高度为 30～65m，最大可达 200m，甚至更高。如果建筑物过高，可以在适当高度楼层处设立中级泵站，将混凝土继续向上泵送。

3.3 施工进度安排

采用装配式混凝土建筑施工的项目，在施工工期筹划时应事先明确预制构件的制作与运输以及预制构件吊装施工等关键工序的工艺流程及所需要的时间，并在此基础上进行施工总体工期的筹划。

3.3.1 装配式混凝土建筑施工总体流程及工期筹划

装配式混凝土建筑施工的总体工艺流程如图 3-4 所示。施工总体工期与工程的前期施工规划、预制构件的制作以及预制构件的吊装和节点连接等工序需要的工期是密不可分的。施工管理者、设计人员和构件供应商三者之间应密切配合，相互确认才能充分发挥装配式混凝土建筑在工期上的优势。

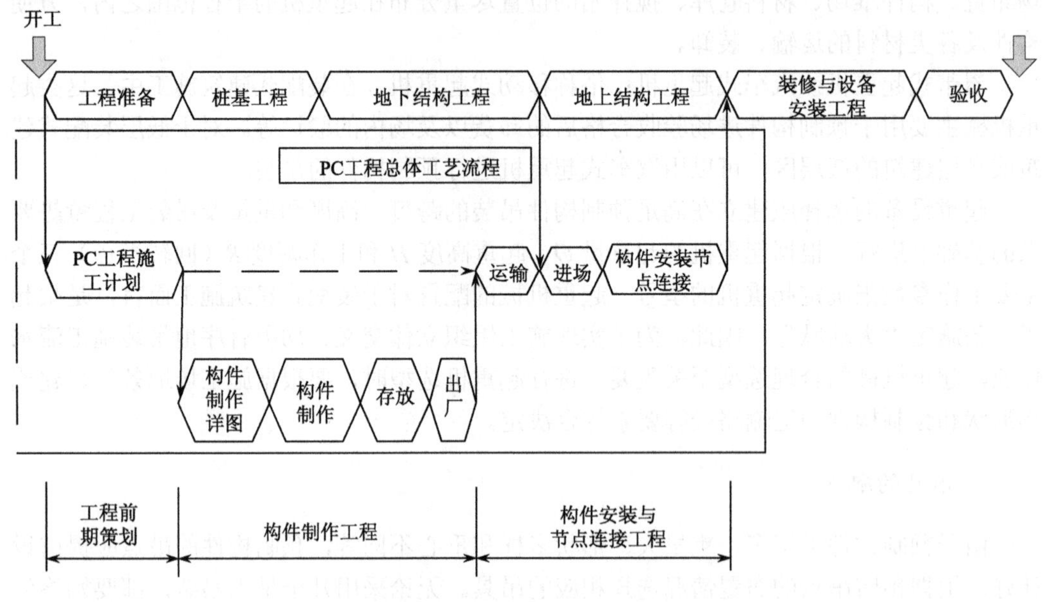

图 3-4　装配式混凝土建筑施工总体工艺流程

在筹划施工总体工期时，必须考虑装配式建筑工程施工计划编制所需时间，也即工程前期策划时间，装配式建筑工程施工计划编制时，其前期策划的主要内容包括施工前准备阶段和使用阶段的策划。装配式建筑施工单位主要策划内容包括塔吊选型、构件存放、钢筋定位、工具设计、支撑体系、构件安装工艺等工业化前期策划工作，以便确保后期顺利实施。图 3-5 给出装配式建筑前期策划的内容。图 3-6 给出装配式建筑工程施工计划前期策划示例。

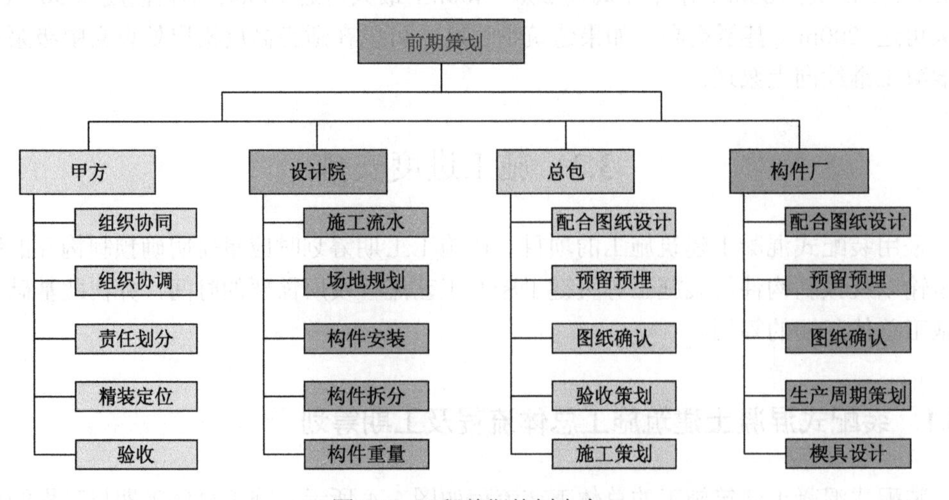

图 3-5　工程前期策划内容

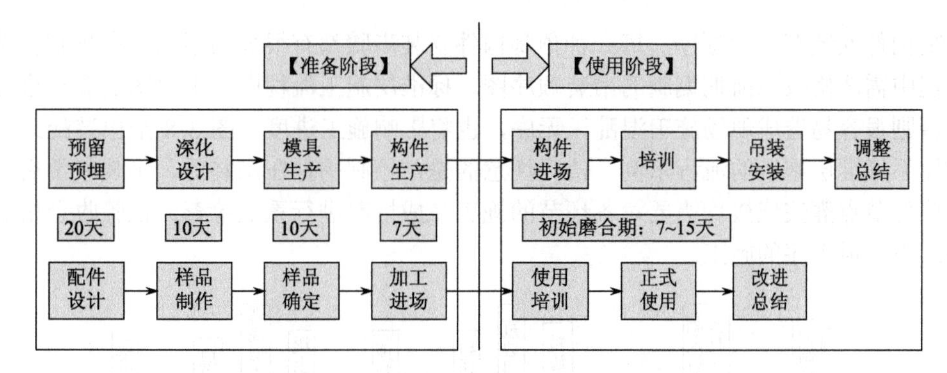

图 3-6　装配式建筑工程施工计划前期策划示例

3.3.2　单个标准层吊装施工的流程及工期筹划

预制构件吊装工期应基于标准层楼面的吊装施工进行筹划。图 3-7 给出装配式建筑标准层施工安装流程图，预制构件的吊装质量关系到建筑物施工完成的质量。不同种类

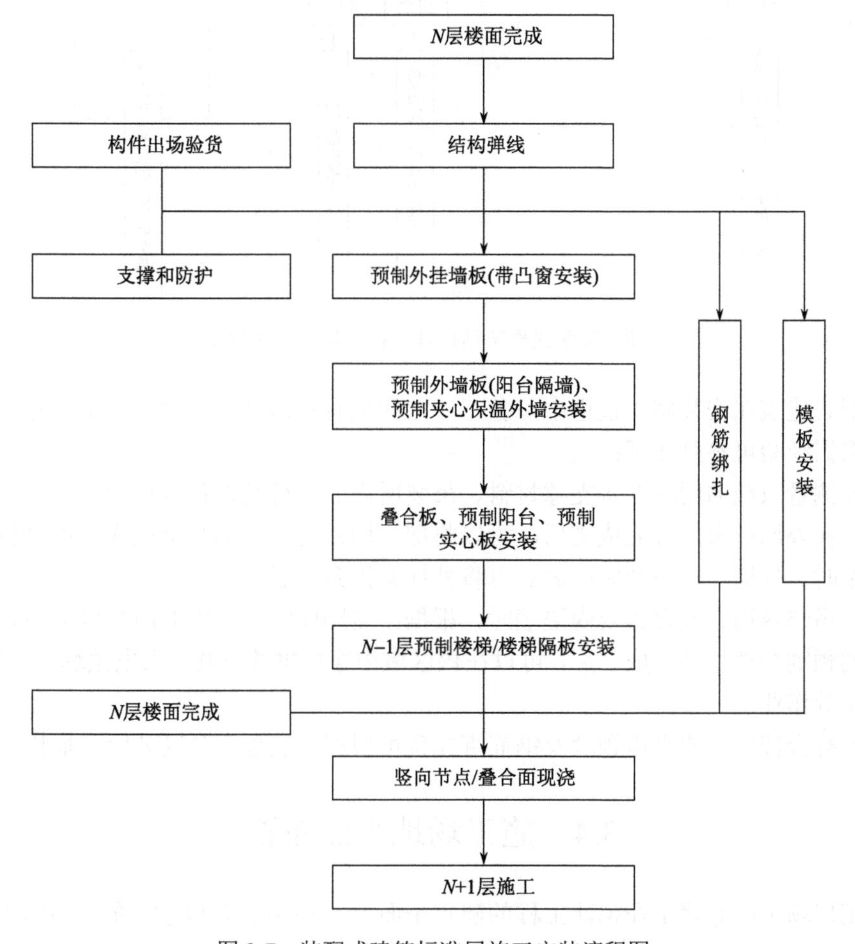

图 3-7　装配式建筑标准层施工安装流程图

的预制构件安装有先后顺序，每一种预制构件安装步骤都有很大的不同，在预制构件安装过程中需严格按照前期编制的吊装顺序图、标准层施工流程图、工况图的要求进行吊装，否则很容易造成现场施工混乱、无序，也将影响施工进度。图 3-8 给出装配式框架结构体系标准层施工的流程示例。值得注意的是，预制构件在吊装前、吊装就位后以及预制构件节点灌浆连接均需要对各环节的施工完成情况进行重点检查，在验收合格后方可进入下一道工序的施工。

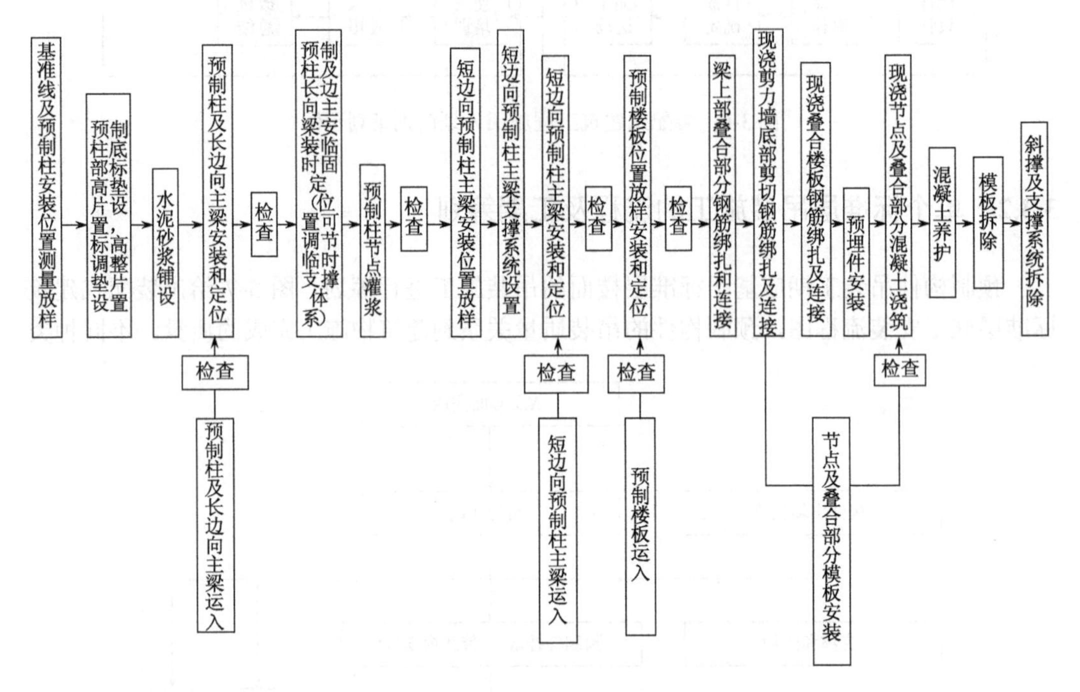

图 3-8　装配式框架结构体系标准层施工流程示例

装配式建筑在安装施工过程中，各工序之间应有序地穿插作业，各工序穿插节点施工工序根据经验可参照如下：

（1）测量放线的同时准备支撑材料、吊装所需的辅材及设备等辅助工作；

（2）在外墙挂板吊装完成之后，可以将剪力墙柱的钢筋绑扎至梁底；如项目防护采用外挂架时，外墙挂板吊装完成之后可将外挂架提升一层；

（3）吊装内墙、叠合梁及内隔墙时，根据吊装顺序将整个作业面分区分段，在某个区域内的预制构件吊装完成之后，可以在该区域内穿插钢筋绑扎、水电预埋、模板安装、支撑搭设等作业；

（4）叠合楼板上的水电预埋及钢筋绑扎也可根据吊装顺序分区分段穿插作业。

3.4　施工场地平面布置

施工现场平面布置是在拟建工程的建筑平面上（包括周围环境），布置为施工服务的各种临时建筑、临时设施及材料、施工机械、预制构件等，是施工方案在现场的空间体现。根据不同施工阶段，装配式混凝土建筑施工现场总平面布置图可分为：①基础工程施工总平面图；②装配式建筑工程施工阶段总平面布置图；③装饰装修阶段施工总平面布置图。

装配式建筑施工时需结合装配式混凝土建筑工程施工阶段总平面布置原则和设计要点合理进行场地的安排和布置。

3.4.1　施工场地平面布置原则

装配式混凝土建筑施工阶段现场总平面图的布置原则，主要考虑以下几个方面：

（1）平面布置科学合理，减少施工场地的占用面积；

（2）合理规划预制构件堆放区域，减少二次搬运；

（3）构件堆放区单独隔离设置，禁止无关人员进入；

（4）施工区域的划分和场地的临时占用应符合总体施工部署和施工流程的要求，减少相互干扰；

（5）充分利用既有建筑物和既有设施为项目施工服务，降低临时设施的建造费用；

（6）临时设施应方便工作及生活，办公区、生活区、生产区宜就近分离设置；

（7）符合节能、环保、安全和消防等要求。

3.4.2　施工场地平面布置设计要点

装配式混凝土建筑施工阶段现场总平面图的设计要点，主要考虑以下几个方面：

（1）设置大门，引入场外道路。施工现场宜考虑两个及以上大门。大门应考虑周边路网情况，道路转弯半径及坡度限制、大门的高度和宽度应满足大型运输车辆的通行要求。

（2）布置大型机械设备。布置塔式起重机时，应充分考虑其塔臂覆盖范围、塔式起重机端部吊装能力、单体预制构件的重量以及预制构件的运输、堆放和构件装配施工。

（3）布置构件堆场。构件堆场应满足流水作业的装配要求，且应满足大型构件运输、装卸、堆放要求，并具备预制构件存放场地。预制构件的存放应根据塔吊、道路情况来综合考虑。当施工场地允许时，可采用部分复杂构件在现场预制或预制构件在现场重新组装成新组合构件（当运输困难时）。

图 3-9 给出装配式混凝土建筑现场施工总体布置图例。从图中可以看出装配式建筑施工阶段现场总平面图的布置包含以下几个方面的内容：

（1）装配式建筑项目施工用地范围的地形情况；

（2）全部拟建建筑物和其他基础设施的位置；

（3）项目施工用地范围内，预制构件堆放区、运输车辆装卸点、运输设施；

（4）供电、供水、供热设施与线路、排水排污设施；

（5）办公用房和生活用房；

（6）施工现场机械设备布置图；

（7）现场加工区域；

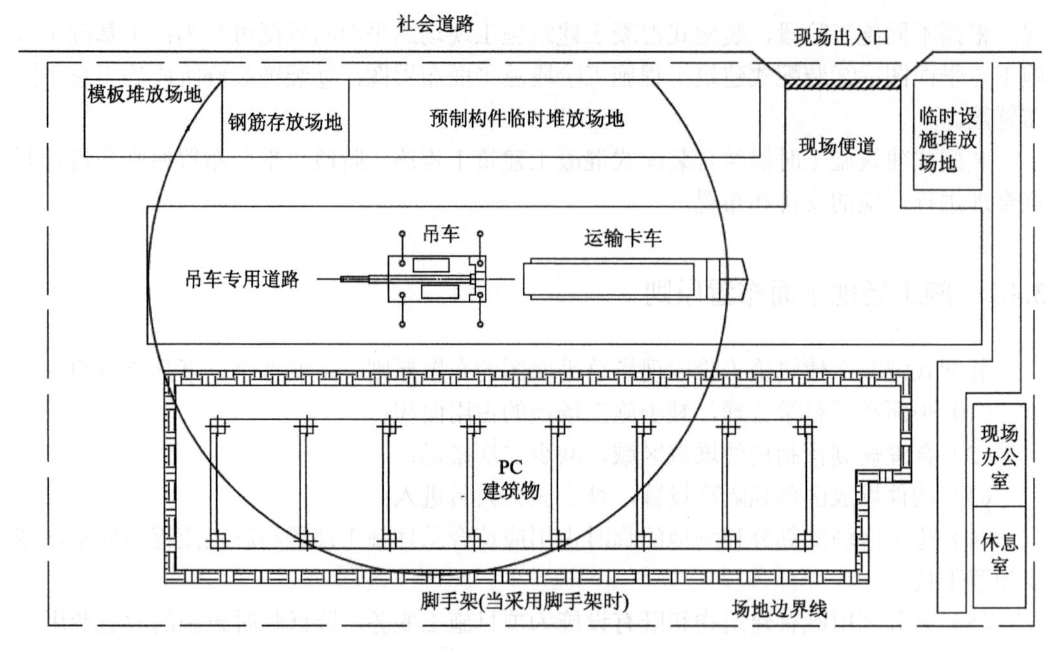

图 3-9　装配式混凝土建筑现场施工总体布置图（示例）

（8）现场常规的建筑材料及周转工具；

（9）必备的安全、消防、保卫和环保设施；

（10）相邻的地上、地下既有建筑物及相关环境。

3.5　施工场地道路布置及路面结构预制

在装配式建筑工地，由于预制构件的运输需要，进出的基本都是重型的大型车辆，对道路的长度、宽度、转弯半径和路面强度等级都有较高要求。装配式建筑施工场地同传统现浇工艺的道路相比具有以下特殊要求：

（1）场地内所有道路均须为硬化地面，应满足预制构件的运输要求，以防止车辆摇晃时引致构件碰撞、扭曲和变形；

（2）因预制构件的卸货和临时堆放的需要，场地道路面积往往达到传统现浇工艺所需的 1.5 倍以上；

（3）为保证预制构件迅速吊装就位和混凝土浇筑时的快捷方便，场区道路最好环绕所建建筑的四周；

（4）为保证顺利施工，硬化路面须在开工前施工完毕，项目施工结束后完全清除，以方便后续的小区道路和绿化的施工。

因此，装配式建筑场区内道路工程的施工费及措施费相较传统工艺要高出许多，往往场区道路工程整体造价较传统做法要高出一倍有余。为节省这部分开销，建议对装配式建筑场地进行合理布局、规划和设计。将场区道路设计为由若干标准的混凝土预制路面板构件拼装而成，待工程施工完毕后，拆除标准的预制路面板构件留待下一个装配式建筑工程项目的循环利用。这种做法使得场区道路布置方案标准化，预制拼装的路面相较传统现浇路面拆装都容易许多，施工难度大大降低。预制路面构件的循环利用可以有效地节约工程项目造价，充分体现装配式建筑绿色环保的理念。

3.6　起重设备选型及施工过程管理

3.6.1　起重设备选型

施工时，起重设备的选择应建立在满足预制构件吊装的跨度、高度、重量和吊装工程量等要求的基础上。起重机的型号和数量的确定主要考虑起重机的起重量 Q、起重高度 H 和工作幅度 R（回转半径），此外还应考虑现场施工条件、特殊操作要求或限制规定及本企业和本地区现有起重设备状况、工期要求、施工成本要求等。塔吊的选择必须适合预制构件的要求。需要在塔吊型号、位置以及起重能力的选择上多加注意。预制构件吊装施工时应尽量选择鞍臂式起重机，可加快施工进度和降低成本。

3.6.2　起吊管理

预制构件的起吊必须按安全操作手册进行。一般起重机的安全操作手册主要有如下规定：

（1）起重机应由经过专门培训合格取得特种作业操作证并经安全环境管理部门考核合格取得上岗证的专职司机操作，起重机司机操作的起重机型号应与操作证上的型号相对应。

（2）起重机司机应严格按照工地制订的维护保养计划进行日常维护保养工作，每天班前、班后检查起重机安全状态、维护保养情况、工作内容、交接班情况等，并如实填写在施工机械运行及维护保养的记录中。

（3）新安装、经过大修或改变重要性能的起重机械，在使用前必须按照起重机性能试验的有关规定进行负荷试验。试验合格并办理相关手续和安全准用证后，方可投入使用。

（4）起重机司机班前、班后进行每日检查，确认起重机无任何故障和隐患时方可开始工作。

（5）起重机司机与起重指挥人员应按各种规定的手势或信号进行联络。作业中，司机应与起重指挥密切配合，服从指挥信号。但在起重作业发生危险时，无论是谁发出的紧急停车信号，司机应立即停车。

（6）司机在收到指挥人员发出的起吊信号后，必须先鸣信号后动作。起吊重物时应先离地面试吊，当确认重物挂牢、制动性能良好和起重机稳定后再继续起吊。

（7）起吊重物时，吊钩钢丝绳应保持垂直，禁止吊钩钢丝绳在倾斜状态下去拖动被吊的重物。在吊钩已挂上但被吊重物尚未提起时，禁止起重机移动位置或做旋转运动。

（8）重物起吊、旋转时，速度要均匀平稳，以免重物在空中摆动发生危险。在放下重物时，速度不要太快，以防重物突然下落而损坏。吊长、大型重物时应有专人拉溜绳，防止因重物摆动，造成施工事故。

（9）起重机工作时，与起重作业无关人员严禁在起重机上、下及周围逗留。

（10）起重机司机在操作过程中，应坚持“十不吊”原则：①超过起重机械额定负荷不吊；②照明不足、指挥信号不明或非指挥人员指挥不吊；③吊索和附件捆绑不牢，不符合安全要求不吊；④起重机悬吊重物直接进行加工不吊；⑤歪拉斜拽不吊；⑥易燃、易爆危险品、无安全作业票、无安全措施不吊；⑦工件上站人或工件上浮有活动物不吊；⑧棱角、刃口未采取防止钢丝绳磨损措施不吊；⑨埋在地下的物体或者重量不明的物体不吊；⑩野外作业遇到大雪、大雨、雷电、6 级以上大风不吊。

（11）起重机司机操作时，应遵守下列技术要求：①不得利用极限位置限制器停车；②不得在有载荷的情况下调整起升、变幅机构的制动器；③吊运时，不得从人的上空通过，也即吊臂下不得有人；④起重机工作时不得进行检查和维修；⑤所吊重物接近或达到额定起重能力时，吊运前应检查制动器，并用小高度、短行程试吊后，再平稳地吊运；⑥无下降极限位置限制器的起重机，吊钩在最低工作位置时，卷筒上的钢丝绳必须保持有设计规定的安全圈数；⑦起重机工作时，臂架、吊具、辅具、钢丝绳、缆风绳及重物等，与输电线的最小距离不应小于表 3-1 的规定；⑧流动式起重机，工作前应按说明书的要求平整停机场地，牢固可靠地打好支腿；⑨对无反接制动性能的起重机，除特殊紧急情况外，不得利用打反车进行制动。

表 3-1　起重机距输电线最小距离

输电线路电压/kV	＜1	1～20	35～110	154	220	330
最小距离/m	1.5	2	4	5	6	7

注：1. 摘自《起重机械安全规程第 1 部分：总则》（GB 6067.1—2010）；
2. 表中值都是最小的安全距离，为确保作业安全，距离越大越好。

（12）施工中，遇到以下情况必须首先办理安全作业票，制定安全技术措施，施工技术负责人到现场指挥：①起吊重量达到起重机械额定负荷的 90%及以上；②起吊精密物体或起吊不易吊装的大件，或在复杂场所进行大件吊装；③起重机械在输电线路下方或其附近工作；④两台及两台以上起重机械抬吊同一物件；⑤爆炸品、危险品起吊。

（13）两台及两台以上起重机械抬吊同一物体时：①绑扎时应根据各台起重机的允许起重量按比例分配负荷；②在抬吊过程中，各台起重机的吊钩钢丝绳应保持垂直，升降、行走应保持同步；各台起重机所承受的载荷不得超过本身 80%的额定能力。

（14）有主、副两套起升机构的起重机，主、副钩不得同时开动。但对于设计允许同时使用的专用起重机除外，并遵守第（13）条规定。

（15）起重机严禁同时操作三个动作，在接近额定负荷的情况下，不得同时操作两个动作。动臂式起重机在接近额定负荷的情况下，严禁降低起重臂。

（16）未经公司机械管理部门同意，起重机械各机构和装置不得变更或拆换。具体可以分为：汽车吊、塔吊、履带吊等安全操作规程。

3.6.3　塔吊施工过程管理

（1）资料管理：施工企业或塔机机主应将塔机的生产许可证、产品合格证、拆装许可证、使用说明书、电气原理图、液压系统图、司机操作证、塔机基础图、地质勘察资料、塔机拆装方案、安全技术交底、主要零部件质保书（钢丝绳、高强连接螺栓、地脚螺栓及主要电气元件等）报给塔机检测中心，经塔机检测中心检测合格后，获得安全使用证，同时在日常使用中要加强对塔机的动态跟踪管理，做好台班记录、检查记录和维修保养记录（包括小修、中修、大修），要有相关责任人签字，在维修的过程中所更换的材料及易损件要有合格证或质量保证书，并将上述材料及时整理归档，建立一机一档台账。

（2）拆装管理：塔机的拆装是事故的多发阶段。因拆装不当和安装质量不合格而引起的安全事故占有很大的比重。塔机拆装必须要具有资质的拆装单位进行作业，而且要在资质范围内从事安装拆卸。拆装要编制专项的拆装方案，方案要有安装单位技术负责人审核签字，要由专门拆装单位的技术人员进行拆装，在拆除现场要设置拆装的警戒区和警戒线，安排专人指挥，无关人员禁止入场，严格按照拆装程序和说明书的要求进行作业，当遇风力超过 4 级时要停止拆装。一般要求拆除工作在白天作业，特殊情况确实需要在夜间作业的要有足够的照明。

（3）塔机基础：塔机基础是塔机的根本，实践证明有不少重大安全事故都是由于塔吊基础存在问题而引起的，它是影响塔吊整体稳定性的一个重要因素。有的事故是由于工地为了抢工期，在混凝土强度不够的情况下草率安装，有的事故是由于地基承载结构在循环荷载作用下耐久性不够，有的是由于在基础附近开挖导致过大位移甚至滑坡，或是由于积水地基岩土体软化产生不均匀的沉降等，诸如此类，都会造成严重的安全事故，必须引起高度重视，容不得半点含糊，塔吊的稳定性就是塔吊抗倾覆的能力，塔吊最大的事故就是倾翻倒塌。做塔吊基础的时候，一定要确保地基承载力及结构耐久性符合设计要求，钢筋混凝土的强度至少达到设计值的 80%。有地下室工程的塔吊基础要采取特别的处理措施：有的要在基础下打桩，并将桩端的钢筋与基础地脚螺栓牢固地焊接在一起。混凝土基础底面要平整夯实，基础底部不能做成锅底状。基础的地脚螺栓尺寸误差必须严格按照基础图的要求施工，地脚螺栓露出地面的长度要足够，每个地脚螺栓要拧紧双螺帽。在安装前要对基础表面进行处理，保证基础表面满足平整度要求。同时塔吊基础周围不得积水，积水会使塔吊基础下地基软化造成不均匀沉降。在塔吊基础附近内不得随意挖坑或开沟。

（4）安全距离：塔吊在平面布置的时候要绘制平面图，尤其是房地产开发小区，住宅楼多，塔吊如林，更要考虑相邻塔吊的安全距离，在水平和垂直两个方向上都要保证不少于 2m 的安全距离，相邻塔机的塔身和起重臂不能发生干涉，尽量保证塔机在风力过大时能自由旋转。塔机后臂与相邻建筑物之间的安全距离不少于 50cm。塔机与输电线之间的安全距离应符合表 3-1 中的要求。

3.6.4　塔吊的搭建及拆除管理

1. 塔吊搭建管理步骤

（1）搭建准备工作：检查路基、轨道铺设是否符合要求，埋设地锚，根据立塔旋转搬起方向、塔身总高度等情况，决定地锚的位置。

（2）整体安装：按照说明书要求的程序，安装行走机构、门架与压铁。起重臂插在门架平台的支架轴上，按塔身卧倒组装尺寸搭好道木垛，组装塔身、塔帽，使塔身架在道木垛上，其轴线大致与地面平行。

（3）穿绕钢丝绳：将卷扬机钢丝绳由驾驶室出发穿绕到塔帽处的滑轮组，最后固定在起重机头部，全部绳长及两滑轮组之间的距离应经计算确定。

（4）竖立塔身前：应对控制器、限位开关等电气设备进行检查，把操纵室内的活动控制盘取下，装在室外支架上，便于立塔时操作。

（5）竖立塔身：经过检查，确认情况正常，继续开动卷扬机，使塔身稳定竖立，辅助地锚处的钢丝绳随之松动。

（6）安装其他部件。

2. 塔吊拆除管理步骤

（1）勘察现场。对现场环境做详细的勘察，明确拆除部件的安放位置。

（2）拉安全条。在拆除现场工作区周围拉起安全条，并安排专门人员在四周监视劝导禁止不相关人士进入工作区域。

（3）降标准节。将起重臂转至合适位置后调整平衡着手开始降节，依次降下 7 节标准节，保留以下标准节待拆。

（4）吊下配重块。依次吊下配重块但保留一块保持平衡。

（5）拆除起重臂。汽车吊配合拆除人员将起重臂吊至预先设定的位置。

（6）吊下最后一块配重块。

（7）拆除平衡臂。按照拆除起重臂的操作进行。

（8）拆除塔顶驾驶室及回转。

（9）拆除剩余标准节。

（10）清点现场。清点螺杆、螺栓、电缆、大钩、液压泵等。

3.6.5　起重机械人员的培训及要求

1. 对操作人员的要求

操作人员在上岗前要对所使用的起重机械的结构、工作原理、技术性能、安全操作规程、保养维修制度等相关知识和国家有关法规、规范、标准进行学习并要求对所学知识熟练掌握。经当地技术监督部门培训，然后理论知识和实际操作技能两个方面考核合格后，方能上岗操作。

2. 维护

安装维保单位应按设备安全技术性能的相关要求制定维修保养制度，并按以下程序和步骤实施维护工作：

（1）设备安装前安全检查和维护：检查设备各主要机构性能的完好性，检查主要钢结构和连接件及其销轴、螺栓等不存在可见的缺陷，检查设备表面的防腐情况，形成记录，出具安装意见。

（2）设备交付使用后的日常保养：日常保养应由设备操作司机或使用单位专职人员负责，安装维保单位对日常保养内容负有监督和检查的义务。日常保养主要内容可概括为“十字作业法”：清洁、紧固、润滑、调整、防腐。每天班前、班末 10～30min，巡视设备各部分、各部位是否正常，按规定加油润滑，注意机械运转声音是否正常，做好清洁工作和交接班工作，以达到设备外观整洁、运转正常的目的，日常保养记录和交接班记录要制成固定表格，并作为档案管理。

（3）设备使用过程中的定期检查和维护保养：在规定的时间里对机械设备进行若干次保养和修理，以清洗、润滑、调整、解体、检修为中心内容进行。一般由维修人员和操作人员共同来完成。

（4）大修的要求：大修是在设备的主要总成均已达到或接近使用寿命极限、机械的动力性能显著下降、油耗增加、操纵不灵、声音异常或设备已不能发挥正常的生产性能的条件下，所采取的一种全面的、彻底的恢复性修理手段，使设备从本质上（技术性能）和外貌上（重新喷漆）都应达到整旧如新的目的。大修应由维修专业人员负责实施，要有记录，有验收。对于超过和接近报废年限的设备安装前应提供大修验收合格证明。

3. 例行检查

起重机械使用单位要经常对在使用的起重机械进行定期检查保养，并制定一项定期检查管理制度，包括日检、周检、月检、年检，对起重机进行动态监测，有异常情况随时发现，及时处理，从而保障起重机械安全运行。

（1）日检。由司机负责作业的例行保养项目，主要内容为清洁卫生，润滑传动部位，调整和紧固工作。通过运行测试安全装置的灵敏性和可靠性，监听运行中有无异常声音。

（2）周检。由维修工和司机共同进行，除日检项目外，主要内容是外观检查，检查吊钩、取物装置、钢丝绳等使用的安全状态，检查制动器、离合器、紧急报警装置的灵敏性、可靠性，通过运行观测传动部件有无异常响声，是否存在过热现象。

（3）月检。由设备安全管理部门组织检查，会同使用部门有关人员共同进行，除周检内容外，主要对起重机械的动力系统、起升机构、回转机构、运行机构、液压系统进行状态检测，更换磨损、变形、有裂纹、腐蚀的零部件，对电气控制系统，检查馈电装置、控制器、过载保护装置、安全保护装置是否可靠。通过测试运行检查起重机械的泄漏、压力、温度、振动、噪声等原因引起的故障征兆。对起重机的结构、支承、传动部位运行状态进行定期检测，了解掌握起重机整机技术状态，检查确定异常现象的故障源。

（4）年检。由单位领导组织设备安全管理部门挑头，会同有关部门共同进行，除月检项目外，主要对起重机械进行技术参数检测，可靠性试验，通过检测仪器对起重机械和各工作机构运动部件的磨损、金属结构的焊缝进行测试探伤，通过安全装置及部件的试验，对起重设备运行技术状况进行评价。安排大修、改造、更新计划。

思 考 题

1. 装配式混凝土建筑施工组织设计大纲主要包含哪些内容？
2. 装配式混凝土建筑与传统建筑施工阶段技术人员要求有哪些不同？
3. 装配式混凝土建筑施工进度安排应该考虑哪些内容？
4. 施工场地平面布置原则有哪些？
5. 施工场地平面布置设计要点有哪些？
6. 施工场地平面布置包含哪些内容？
7. 施工场地道路有哪些特殊要求？
8. 如何进行起重设备的选型？
9. 如何进行起重设备施工过程的管理？
10. 起重机械人员的培训需满足哪些要求？

第 4 章　装配式混凝土建筑构件安装

4.1　安装前后各道工序安排

4.1.1　安装总体部署

装配式混凝土建筑根据建筑结构形式不同可分为装配整体式框架结构、装配整体式剪力墙结构和装配整体式框架-剪力墙结构等。不同的建筑结构体系其安装工艺流程有一定区别。在制定预制构件安装总体流程时，应正确理解各类结构体系预制构件的吊装顺序和吊装要领，合理安排工期，做到预制构件安装过程的均衡施工，实现现场施工设备和劳动力等资源的合理分配和优化利用。

4.1.2　安装次序

装配式混凝土建筑的典型建筑周期有六天循环施工和四天循环施工。

1. *六天循环施工*

建筑物的每个翼的六天施工周期描述如下。

第一天：

（1）起吊安装预制外墙到位，如图 4-1 所示。

图 4-1　预制外墙吊装

（2）绑扎剪力墙身钢筋，如图 4-2 所示。

图 4-2　绑扎剪力墙身钢筋

第二天：
安装墙体模板到位，如图 4-3 所示。

图 4-3　安装墙体模板

第三天：
浇筑混凝土剪力墙，如图 4-4 所示。

图 4-4　浇筑混凝土剪力墙

第四天：

（1）拆走墙体模板，如图 4-5 所示。

图 4-5　拆走墙体模板

（2）安装楼板支撑架，如图 4-6 所示。

（3）安装叠合楼板，如图 4-6 所示。

图 4-6　安装楼板支撑架和叠合楼板

第五天：

铺设各类管线及电线导管，如图 4-7 所示。

图 4-7　铺设各类管线及电线导管

第六天：

（1）绑扎楼板面层钢筋，如图 4-8 所示。

图 4-8　绑扎楼板面层钢筋

（2）半预制板的混凝土浇筑（面层），如图 4-9 所示。

图 4-9　半预制板的混凝土浇筑

2. 四天循环施工

四天建设周期每天需要更多的工人，进一步缩短了施工时间。建筑物的每个翼的四天施工周期描述如下：

第一天：

（1）安装预制外墙；

（2）绑扎墙身钢筋及管线。

第二天：

（1）安装墙体模板；

（2）浇筑混凝土剪力墙。

第三天：

（1）拆走墙体模板；

（2）安装叠合楼板；

（3）安装铝制楼板模板。

第四天：

（1）铺设隐藏管线和固定面板钢筋；

（2）浇筑楼板混凝土。

四天的周期通过放置墙体钢模板并在同一天浇筑混凝土，以及在第四天铺设管线并固定面板钢筋节省了时间。不过每天的工作量增大，每天都需要更多的工人和机械。因此，四天周期的劳动力和机械成本要比六天周期高。

4.2　预制构件的吊装

本节重点介绍预制外挂墙、预制楼板（叠合板）、预制楼梯、预制间隔墙、预制柱、预制梁、预制剪力墙板、预制阳台和预制立体构件等多种预制构件的吊装施工要点。

依据设计工艺图纸及预制构件的详图编制每栋各层预制构件吊装顺序，严格按顺序吊装施工。

4.2.1　预制构件吊装施工总则

为了使吊装过程顺利成功，应考虑以下几个方面：

（1）开始搭建之前，应由承建商进行设备的检查及其他工作，必须对要执行的工作进行管理。

（2）应准备操作指引，指引实施搭建的方法以及需要考虑的工作责任。

（3）剪力墙和墙支撑，无论是预制或是就地构建，必须按照施工进程安装。

（4）工程师或绘图人员应在搭建早期阶段到现场工作充分了解设计详图。

（5）安装应该尽可能从运载工具直接起吊构件。

（6）操作必须使用吊梁，并仔细了解设计起吊节点。

（7）必须准备清楚简明的进展报告，现场储存构件与任何不合格构件必须明确识别，工作人员应了解相应情况。

预制构件吊装之前需要进行一系列的吊装准备工作，主要包括：①预制构件的进场验收；②构件编号及施工控制线（定位测量控制，轴线引测，构件定位）；③预埋件的安装。

垂直构件安装采用临时支撑时，应符合下列规定：

（1）预制构件的临时支撑不宜少于 2 道。

（2）对预制柱、墙板构件的上部斜支撑，其支撑点距板底的距离不宜小于构件高度的 2/3，且不应小于构件高度的 1/2；斜支撑应与构件可靠连接。

（3）预制构件安装就位后，可通过临时支撑对预制构件的位置和垂直度进行微调。

水平预制构件安装采用临时支撑时，应符合下列规定：

（1）首层支撑架体的地基应平整坚实，宜采取硬化措施。

（2）临时支撑的间距及其与墙、柱、梁边的净距应经设计计算确定，竖向连续支撑层数不宜少于 2 层且上下层支撑宜对准。

（3）叠合板预制底板下部支架宜选用定型独立钢支柱，竖向支撑间距应经计算确定。

4.2.2 垂直构件的吊装

预制垂直构件主要有预制外挂墙、预制柱、预制间隔墙板、预制剪力墙、预制立体构件（预制厨房、预制卫生间）等。

1. 预制外挂墙的吊装

预制外挂墙（凸窗）构件的吊装时间是下层混凝土浇筑完成后，第 2 天吊装本层外墙，吊装完成后进行墙柱钢筋绑扎和铝模封模。预制构件采用现场塔式起重机装卸。

预制外挂墙安装流程如下：

（1）装配式预制构件进场质量检查、标记，按吊装流程清点数量。

（2）外墙放线（左右定位 2 条控制线，前后定位 1 条控制线，预制构件上弹出 1m 标高线），核实外墙接口处标高并粘贴止水胶条。

（3）在下层外墙顶部设置专用标高调节件支架，并通过支架上螺栓将标高调至相应标高，吊装外挂墙。吊装时，预制外墙板与钢丝绳的夹角应控制在 45°～90°，如图 4-10 所示。

（4）当塔吊或起重机器把外墙板吊离地面时，检查起吊后姿态及钢丝受力情况，无误后方可起吊至施工作业面。

（5）在距离安装位置 50cm 高时徐徐下降，根据楼面所放出的墙板侧边线、端线、垫块、外墙板下端的连接件（连接件安装时外边与外墙板内边线重合）使外墙板准确就位。

图 4-10　外挂墙吊装

（6）在外挂墙上设置 4 根临时斜支撑调节墙板标高，底部斜撑调节墙板内外定位，上部斜撑调节墙板垂直度。

（7）就位：利用下部墙板的定位卡和待安装墙板的定位螺栓进行初步定位，当预制构件初步就位后，及时安装斜撑的稳固件进行固定，稳固后即可将钢丝绳脱钩。由于定位卡、定位螺栓均在工厂安装完成，精确度较高，因此初步就位后预制构件的水平位置相对比较准确，同时通过预制构件上的轴线及标高等信息，在安装时与施工作业面上已弹好的控制线进行比对校正，基本就位后只需通过定位螺栓及斜撑稳固件的螺栓进行微调即可使预制构件精确定位，如图 4-11 和图 4-12 所示。

图 4-11　预制外墙初步就位

图 4-12 外挂墙斜支撑稳固件安装

（8）定位调节：根据控制线精确调整外墙板底部，使底部位置和测量放线位置重合。

（9）高度调节：每个楼层吊装完成后须统一复核。根据楼层水平控制点及每块预制板面弹出水平控制线为依据进行标高调节，通过预留的螺栓孔套入螺栓后进行标高微调，如图 4-13 所示。

图 4-13 预制构件螺栓调节标高节点

（10）垂直度调节：每个楼层吊装完成后，统一对每一块板进行垂直度调节。预制构件垂直度调节采用固定墙板的 2 道可调节长度的斜拉杆进行，垂直度通过垂准仪或吊线锤来进行复核。

（11）预制构件连接固定：预制构件吊装完成并经验收合格后，须及时完成构件与构件之间的连接，使吊装的构件形成一个整体，增加其稳定性。

（12）楼层浇筑振捣混凝土完成，混凝土强度达到设计、规范要求后，拆除构件支撑及临时固定点。在浇筑混凝土时要派专职人员对预制板的平整度、垂直度进行跟踪测量，如发现变形应及时整改。

预制构件与主体连接处的竖向钢筋在绑扎及浇筑混凝土过程中应采用限位器进行定

位，确保钢筋定位精度。

预制外挂墙与现浇混凝土连接处外侧预留凹槽填堵耐候胶，其性能满足相关规范要求，深度应不小于10mm。

2. 预制柱的吊装

钢筋混凝土柱为工业与民用建筑装配式建筑主要构件之一。其安装特点是：构件细长，质量较大，稳定性差，校正和连接构造复杂，质量要求较严。

预制柱的安装施工工艺如下：

（1）柱身弹线。柱身弹线主要用于校正柱子轴线、标高和垂直度。先将柱身清扫干净，在柱身的两个小面和任意一个大面上，弹出安装定位轴线。有牛腿的柱子尚应在牛腿顶面上弹出屋架安装定位线。柱子根部应凿毛，或在制作时划毛。在柱子根部±0.00 或±500mm 部位弹出标高线。

（2）基础杯口弹线。清理基础顶面，在杯口表面弹出与柱子纵轴线相对应的纵横十字安装定位线。杯口内壁如脱模后未划毛，应凿毛。

（3）抹杯底找平层。将杯口底部清理干净，按设计标高的要求和柱实际长度，用比柱基高一级的细石混凝土找平杯口底面并抹平。有吊车梁的柱，杯口底找平层的厚度应以柱牛腿顶面的设计标高为依据进行控制。

（4）柱子翻身。用吊索将柱子进行两个吊点以上绑扎，用起重机将现场平卧预制的矩形或工字形柱或双肢柱进行90°翻转，使其小面朝上，并按吊装平面图布置移至安装位置附近，垫好垫木平稳安置。如果是工厂预制的柱，运到现场后亦应按安装位置要求就位。

（5）柱子绑扎。根据柱子的重量、柱身刚度，可采用一点、两点或三点绑扎。在吊点处绑扎吊索时，应做到安全可靠、不损伤构件棱角和便于脱钩，一般采用自动或半自动卡环作为脱钩装置。柱子的绑扎方法应与吊装方法一致，一般采用垂直绑扎法或斜吊绑扎法，前者提升吊索绑扎在柱子两侧，每个吊点绑扎处使用两个卡环；后者提升吊索在柱子单侧，一个吊点使用一个卡环。一般多用一点绑扎，对重型或细长柱亦可采用两点、三点绑扎。

（6）起吊就位。柱子的吊装方法按起吊中柱子的运动状态和特点，分为旋转法、滑行法、旋转行走法及递送法等，常用的为前两种。用旋转法起吊柱时，起重机边起钩边回转（转向），使柱子绕柱脚旋转而吊起，直至柱子在杯口上方落入基础杯口内。用滑行起吊柱时，起重机的起重臂不转动，只缓慢提升吊钩，随着柱子的升起，使柱脚沿地面向杯口滑行将柱子吊离地面，插入杯口就位。柱子起吊就位时，应缓慢进行，当柱子的一端提起升高500mm时，应暂停提升，经检查柱身、绑点、吊钩、吊索等处安全可靠后，再继续提升至柱脚离杯口上方100～300mm，将柱脚缓缓插入杯口就位，并使柱身定位线与基础顶面定位线对齐。

（7）临时固定。柱子就位后，应立即进行临时固定，固定方法一般采用无风缆固定法，在柱根部打入4～8个木楔或钢楔，露出杯口100～150mm，使柱子保持稳定。当柱子的高度大于10m，经核算仅靠打入木楔或钢楔尚不能使柱子保持稳定时，应在4个方向加设缆风绳固定，或采用专门制作的金属临时固定架固定。用于临时固定的缆风绳下部应设紧绳器，并牢固地固定在锚桩上，确保临时固定后起重机方可脱钩并卸去吊索。

（8）柱子校正。柱子校正包括平面位置校正和垂直度校正，平面位置校正一般是在柱子插入杯口对位（对准中心线）时进行。若有误差一般采用“反推法”，在杯口用千斤顶沿偏位的反方向推动柱脚纠正。垂直度校正是在柱子的两个互相垂直的平面内同时进行，设两台经纬仪同时观测。当柱子的高度小于 10m 时，多采用无缆风绳校正，如采用敲打楔子法、敲打钢钎法或小型油压千斤顶斜顶法等；当柱子的高度大于 10m 时，可用小油压千斤顶斜向校正或采用有缆风绳校正法。

（9）最后固定。对校正完毕的柱子，经复查合格后，应及时进行最后固定。即在柱杯口内用高一强度等级的细石混凝土浇筑并捣实。浇筑前应清除杯口内的杂物或泥土，用水湿润。当使用木楔或钢楔临时固定时，浇筑混凝土一般分两次进行，第一次浇至楔子底面，待混凝土强度达到 30%后，拔出楔子，第二次浇至基础顶面。采用缆风绳校正的柱子，须待二次浇筑的混凝土强度达到 70%后，方可卸除缆风绳。

（10）安装连系构件。柱子安装之后，应随即将柱间支撑和顶端连系杆件安装上，并固定，使柱子保持稳定。

3. 预制间隔墙板

间隔墙板作为各类建筑的非承重隔墙，全面应用于内墙和天花板的施工。安装间隔墙板的一般程序包括以下六个阶段。

第一阶段：

（1）准备天花板和地板的放线工作；

（2）在天花板用射钉枪固定镀锌钢板固定码 1 号；

（3）用 75mm 镀锌钢钉把镀锌钢板固定码 2、3 和 4 号钉在间隔墙板的顶部和底部边缘；

（4）按照测定线竖起第一块板，并用木楔临时垂直固定，如图 4-14 所示。

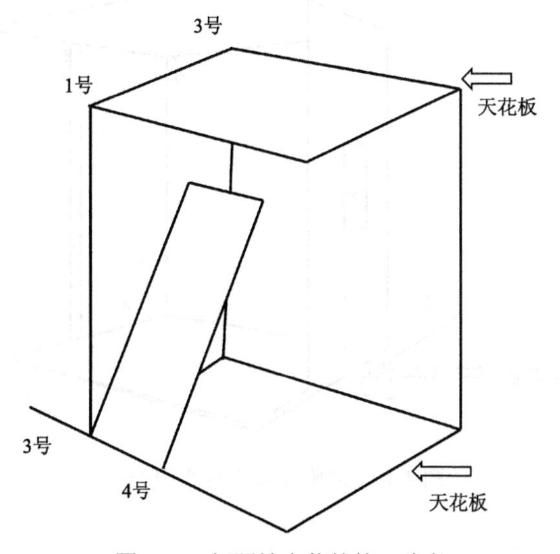

图 4-14　间隔墙安装的第一阶段

第二阶段：

（5）用射钉枪把镀锌钢板固定环 3 号固定在天花板上；

（6）用射钉枪把钢凸码 4 号的飞边弯曲到地面；

（7）弯曲钢凸码固定 1 号和 2 号的固定片，如图 4-15 所示。

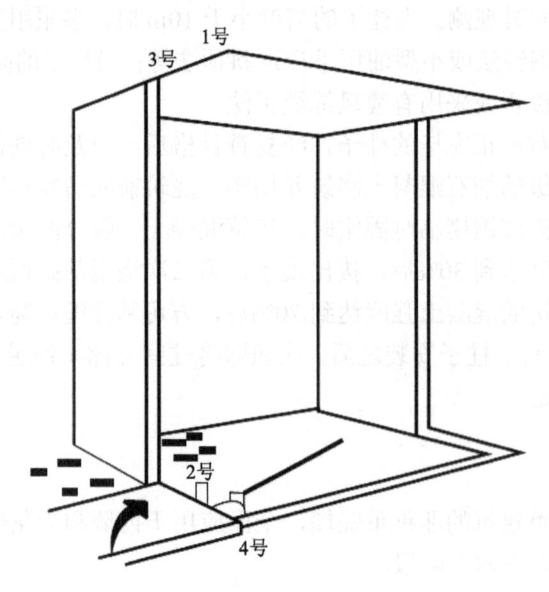

图 4-15　间隔墙安装的第二阶段

第三阶段：

（8）用 1∶3（水泥∶砂）的水泥砂浆填满顶部和底部的间隙。砂浆硬化后取出木楔并在空隙中填充砂浆，如图 4-16 所示。

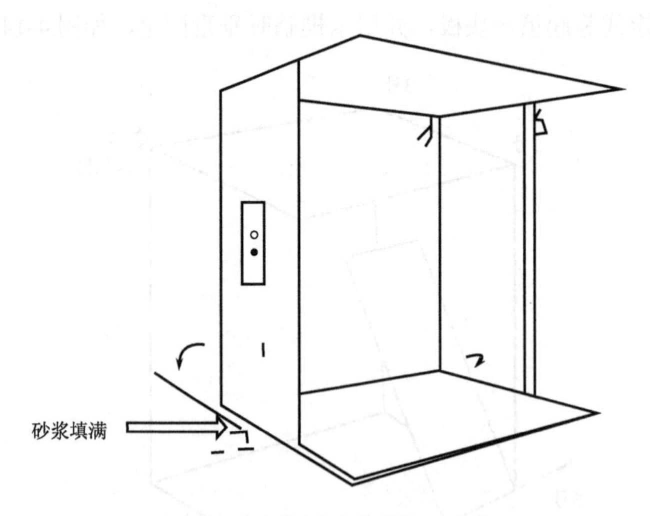

图 4-16　间隔墙安装的第三阶段

第四阶段：

（9）按照步骤（3）～（8）竖起另一块板，在板和固定凸码 2 号和 3 号飞边固定之间填充一层砂浆，如图 4-17 所示。

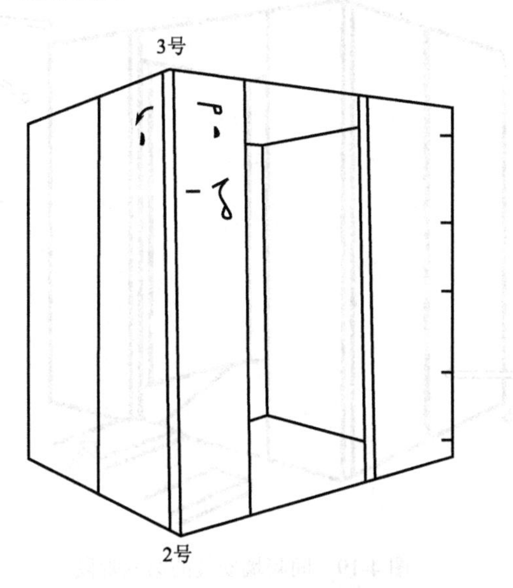

图 4-17　间隔墙安装的第四阶段

第五阶段：

（10）用 5mm 方形断口、120mm 长的镀锌钢钉以 450mm 间距连接边缘面板，如图 4-18 所示。

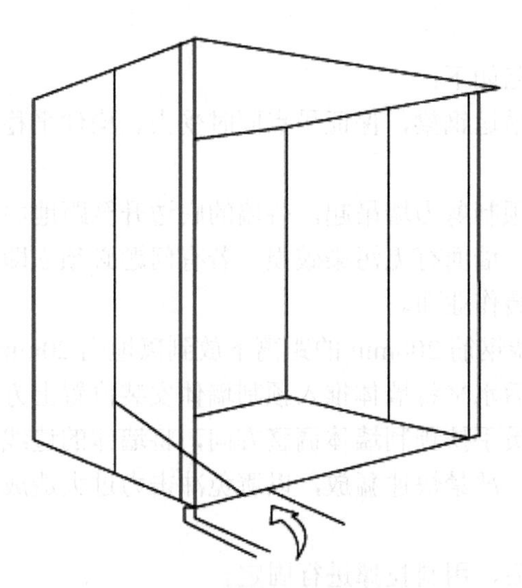

图 4-18　间隔墙安装的第五阶段

第六阶段：

（11）如有需要，可以用手锯或电动切割器把面板切割为任意尺寸；

（12）完成竖立时，所有面板、地板或天花板上的接合点以及墙壁自由端部之间的接缝都应用砂浆或灌浆填满，如图 4-19 所示。

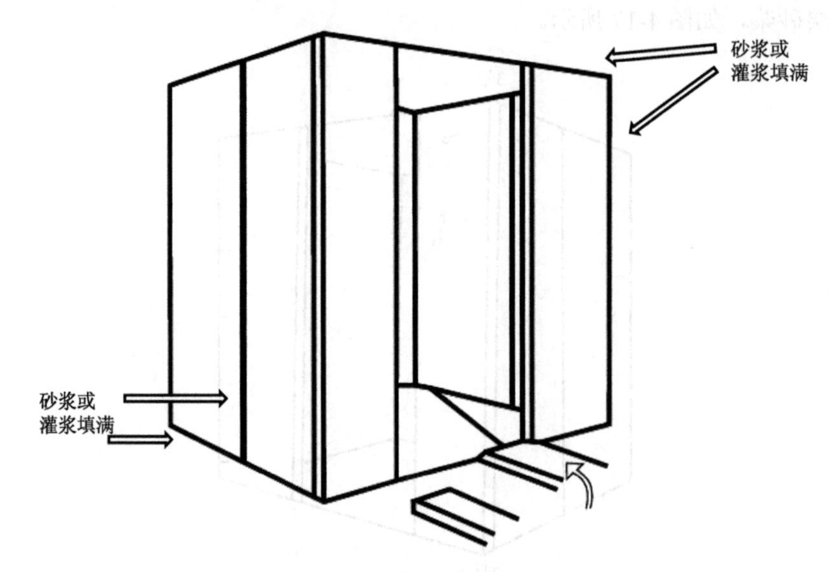

图 4-19　间隔墙安装的第六阶段

由于间隔墙板常常尺寸很大，一般采用塔式起重机对间隔墙板进行搬运吊装，必须在下一层楼板完成施工之前把间隔墙板运送并存储在合适的楼层。因此，在下一楼层安装半预制板之前，必须把间隔墙板的正确数量输送到楼板上用于临时存储。

4. 预制剪力墙

预制剪力墙安装工艺如下：

（1）墙体吊具采用吊运钢梁，保证吊点同时受力、构件平稳。避免起吊过程中出现裂缝、扭曲等问题。

（2）起重机缓缓将预制剪力墙吊起，待墙的底边升至距地面 500mm 时略作停顿，再次检查吊挂是否牢固，墙面有无污染破损，若有问题必须立即处理。确认无误后，继续提升使之慢慢靠近安装作业面。

（3）墙面要从距外墙钢筋 200mm 的距离下放到离地面 20mm，调整预制墙体钢筋与剪力墙钢筋的位置，然后水平将墙体推入预制墙体安装位置上方。在准确定好墙体位置后再进行下落，施工人员手扶预制墙体调整方向，将墙体的边线与墙上的安放位置线对准，放下时要停稳慢放，严禁快速猛放，以避免冲击力过大造成墙体破损。5 级风以上时应停止吊装。

（4）墙体安装到位后，用斜拉撑进行固定。

（5）墙体的标高调整：一层墙体的标高调整，通过在墙体入预埋 M20 螺栓套筒。二层墙体的标高调整，在一层墙体顶部的吊点预埋 M20 螺栓套筒中拧入螺栓的标高来控制。具体做法，首先在吊装前通过螺栓先将其调整至设计水平高度。在墙体吊装到位后，再进行斜支撑固定，之后通过螺栓进行微调。

现场一层采用方法：在安装墙体之前，每个墙体下方 4 个点放置钢制垫片调节点。在墙体安装到位后，采用钩式千斤顶或者撬棍进行墙体的标高调整，用钢制垫片的增减实现标高调整。

（6）调整墙体位置时，要垫以小木块，不要直接使用撬棍，以避免损坏板边角，要保证搁置长度，其允许偏差不大于 5mm。现场采用手拉葫芦固定在剪力墙钢筋上，进行墙体左右和前后距离的调整。

（7）墙体固定好后，对墙体的垂直度进行测量，然后通过斜支撑对墙体的垂直度进行调节。

（8）卸掉吊环，重复以上（5）～（7）调整步骤至墙体精确就位，检查各面水平和垂直度，其标高误差控制 4mm 以内。

注意事项：

（1）墙板必须竖直起吊，可采用专用吊运钢梁，并确认连接紧固，注意起吊过程中，板面不得与堆放架发生碰撞。

（2）用吊车缓缓将墙板吊起，待板的底边升至距地面 500mm 时略作停顿，再次检查吊挂是否牢固，继续提升使之慢慢靠近安装作业面。

（3）在距作业层上方 500mm 左右略作停顿，施工人员可以手扶墙板，控制墙板下落方向。

（4）墙板再次缓慢下降，待到距预埋钢筋顶部 20mm 处，墙两侧挂线坠对准地面上的控制线，预制墙板底部套筒位置与地面预埋钢筋位置对准后，将墙板缓缓下降，使之平稳就位。

（5）快速将预制墙体的斜支撑杆安装在预制墙板及现浇板上的预埋连接件上，快速调节，保证墙板的大体竖直。

（6）起吊过程中保证墙板垂直起吊，可采用吊运钢梁均衡起吊，防止 PC 构件起吊时单点起吊引起构件变形，并满足吊环设计角度要求。

（7）如果采用角度起吊，对吊环、吊具额定吊载需乘以角度系数 1.4，且如发现墙板严重偏斜及重心偏位要及时处理，避免因受力不均导致安全事故。

（8）斜支撑能够提高墙板在小震下的抗侧刚度，且安装时还可进行微调操作。

（9）斜支撑安装需采用可调节长度的螺杆，调节长度不小于 300mm。

5. 预制立体构件的吊装

三维立体预制混凝土构件通常包括带屋顶或地板的卫生间、厨房等。

本节重点介绍预制卫生间、厨房和预制垃圾槽的安装工艺。

1）预制卫生间和厨房

在 N 层楼板浇筑结束后，在 N–1 层三维立体混凝土建筑上放置垫层，在 N–1 层三维立体混凝土建筑上放置无收缩水泥砂浆。通过 N 层楼板的螺栓调节预制混凝土构件的最终位置；从预制构件堆放场吊起预制的卫生间或厨房到安装位置；通过导轨安装脚支架，把 VPC 放到合适的位置上，拧好三维立体预制混凝土构件的脚支架螺栓；固定相邻的现浇墙和加强梁；把相邻的现浇墙和梁的模板组合在一起，向墙内浇筑混凝土；隐藏墙的模板，移除脚支架；把无收缩水泥浆灌入预制卫生间或预制厨房墙的 20mm 缝隙中；为 N+1 层半预制板搭建脚手架；把半预制板吊放到合适的位置上；从预制卫生间固定半预制板顶部钢筋位置浇筑楼层混凝土；对上面楼层重复上述步骤。N+1 层施工结束后，移除 N 层的脚支架，N+2 层施工结束后，移除 N 层的脚手架框架；3 层以上的混凝土结构楼层施工结束以后，N+3 层的楼板成型。在 N 层三维预制混凝土建筑之下填满非结构水泥浆。

2）预制垃圾槽

多层砖混结构垃圾槽安装在内侧缺角处，一般每层休息板安装后即吊装垃圾槽。各垃圾槽竖板之间用连接板焊在板上下端预埋铁件上，焊接牢固。竖板端头板缝用水泥砂浆嵌实。垃圾槽竖板中部预埋件与墙体预埋铁件焊接。高层大模结构为长方形钢筋混凝土预制垃圾槽，一般设在楼梯外侧，随楼层施工进度进行安装。将垃圾槽吊起时对准下截垃圾槽上口，上下对直后临时将吊环与主体结构拉牢。经检查位置准确无误，上下顺直无错位后，可进行焊接。垃圾槽与主体结构之间、垃圾槽与垃圾槽之间的预埋铁件均用连接铁件焊牢固。

4.2.3 水平构件的吊装

预制水平构件主要有预制梁、预制楼板（叠合板）、预制楼梯、预制阳台等。

1. 预制梁的吊装

（1）支撑架搭设：根据梁底标高、支撑架专项方案搭设叠合梁支撑架。

（2）叠合梁安装前准备：将相应叠合梁下的墙体梁窝处钢筋调整到位，以适合叠合梁外露钢筋的安放。

（3）吊装安放：先将叠合梁一侧吊点降低穿入支座中，再放置另一侧吊点，然后支设底部支撑。

（4）根据剪力墙上弹出标高控制线校核叠合梁标高位置，利用支撑可调节功能进行调节，标高符合要求后，叠合梁两头用焊接固定，然后摘掉叠合梁挂钩。

2. 预制楼板（叠合板）的吊装

半预制楼板的结构可分为两个主要部分，即起吊安装的预制混凝土底板和建筑工地现浇的楼面面层。与预制外墙类似，预制混凝土底板存放在地面适当的位置，然后用塔式起重机从地面吊至安装建筑物所需的楼层。虽然预制混凝土底板的重量比预制外墙要轻，但预制混凝土底板的处理和运输要比预制外墙更加困难。

要起吊预制混凝土底板，会在板上设计 4 个吊点用于钩住预埋钢筋钩，为起吊提供了负载点。预制混凝土底板由连接在钢制吊运架的钢索吊起。钢制吊运架的作用是消除由于倾斜吊索导致的轴向扭曲，防止起吊和安装期间产生过度弯曲应力。

（1）在起吊预制混凝土底板时，一个工人留在地面上，把吊钩和预制混凝土底板吊点扣上，连接完成后，用塔式起重机将预制混凝土底板从地面上吊至所需的水平。5 级风以上时应停止吊装。

（2）由两名工人扶住并把预制混凝土底板移动到要求的位置。预制混凝土底板降低到较低的位置直到支撑架上，然后松开起吊点。这时，预制混凝土底板由摆放在下层楼面的剪刀撑及单顶支撑。预制混凝土底板外露的钢筋搭接在结构部分与结构部分的钢筋形成结构连接。

（3）调整板位置时，要垫以小木块，不要直接使用撬棍，以避免损坏板边角，要保证搁置长度，其允许偏差不大于 5mm。

（4）预制混凝土底板安装完后进行标高校核，调节板下的可调支撑。

（5）叠合板安装的重点是吊装，安装班组需安排有相关施工经验或经过专业培训的人员进行操作。

（6）叠合板安装前需做好工序移交签收记录，并将支撑架体标高控制在 5mm 之内。

（7）在预制混凝土底板上现浇混凝土层完成楼板施工。

3. 预制楼梯的吊装

预制楼梯的吊装时间是 N–1 层标准层结构浇筑完成，拼装 N 层墙柱铝模时吊装 N–1 层预制楼梯。N 层工人通过可周转使用的钢楼梯上下通行，如图 4-20 所示。楼梯安装顺序为：剪力墙、休息平台浇筑→墙、梁铝模拆除→楼梯吊装→锚固灌浆。

图 4-20　临时上下通道型钢楼梯

预制楼梯安装流程：

（1）楼梯进场、编号，按各单元和楼层清点数量。

（2）支撑架搭设：搭设楼梯梁（平台板）支撑排架，按结构标高控制楼梯安装标高，楼梯安装晚于楼层梁板施工一层。PC 楼梯安装前，设置一台型钢楼梯放置于施工作业层作为人员上下的临时通道。

（3）吊装准备：当本层墙柱梁板混凝土浇筑完成后，即可进行下层 PC 楼梯安装。预制楼梯构件通过扁担、螺栓、调节葫芦进行起吊。因楼梯为斜构件，吊装时用 3 根同长钢丝绳 4 点起吊，楼梯梯段底部用 2 根钢丝绳分别固定 2 个吊钉。楼梯梯段上部由 1 根钢丝绳穿过吊钩两端固定在 2 个吊钉上（下部钢丝绳加吊具长度应是上部的 2 倍），如

图 4-21 所示。

图 4-21　预制楼梯安装施工

（4）安装、就位：楼梯搁置前，先在楼梯 L 型企口内铺水泥砂浆，采用软坐灰方式或垫钢板的方式进行找平。根据梯段两端预留位置安装，安装时根据图纸要求调节安装空隙的尺寸。

（5）检查、校核：检查梯段支撑面楼梯平台梁板的标高是否准确。

4. 预制阳台的吊装

预制阳台安装时间为墙柱钢筋绑扎完成及铝模安装完成，楼板底筋开始绑扎前。其吊装工序如下：

（1）阳台板进场、标记、按吊装流程清点数量；

（2）搭设临时固定与搁置支撑；

（3）控制标高与阳台板板身线；

（4）按编号和吊装流程逐块安装就位；

（5）塔吊吊点脱钩，进行下一阳台板安装，并循环重复；

（6）楼层浇筑振捣混凝土完成，混凝土强度达到设计、规范要求后，拆除构件临时固定点与搁置的排架。

考虑阳台吊装的便捷性，与阳台连接的主梁钢筋待阳台就位后绑扎。与阳台连接的剪力墙，低于阳台纵筋的剪力墙箍筋在阳台吊装前安装，高于阳台纵筋的剪力墙箍筋在阳台吊装后安装。

4.3　构件连接节点的施工

4.3.1　概述

无缝半预制装配式混凝土建筑是指工厂化生产的单一构件（室内预制楼梯除外）与现浇部分（或构件）以无缝的施工形式，通过构件外露锚固钢筋与现浇剪力墙、柱或梁连成一体化的建筑方法。预制外墙、半预制楼板、预制楼梯构成了无缝半预制装配式混凝土建筑的三要素。因此节点连接是实现装配式混凝土建筑等同现浇的一种重要的施工工艺。

按照建筑结构体系的不同，节点连接的构造要求和施工工艺也有所不同。装配式混凝土建筑中主要的连接节点包括：预制外墙与预制外墙之间的垂直连接节点、预制外墙与现浇墙或柱之间的连接节点、半预制楼板与墙或柱的连接节点、半预制楼板与预制外墙之间的连接节点、半预制楼板底板与半预制楼板上部之间的连接节点、预制楼梯与梯台之间的连接节点、铝窗与预制外墙的直接连接等。

4.3.2　节点现浇连接施工

1. 预制外墙与预制外墙之间的连接节点

上下预制外墙之间的垂直连接节点的大样图如图 4-22 和图 4-23 所示，主要有两种连接方式，帽盖连接法和企口连接法。在图 4-22 和图 4-23 中，①为密孔泡沫塑胶条；②为弹性密封胶；③为水泥砂浆填缝；④为空腔；⑤为施工缝；⑥为锚固钢筋与现浇板连接；⑦为预埋铝窗；③a为非收缩灌浆填缝。

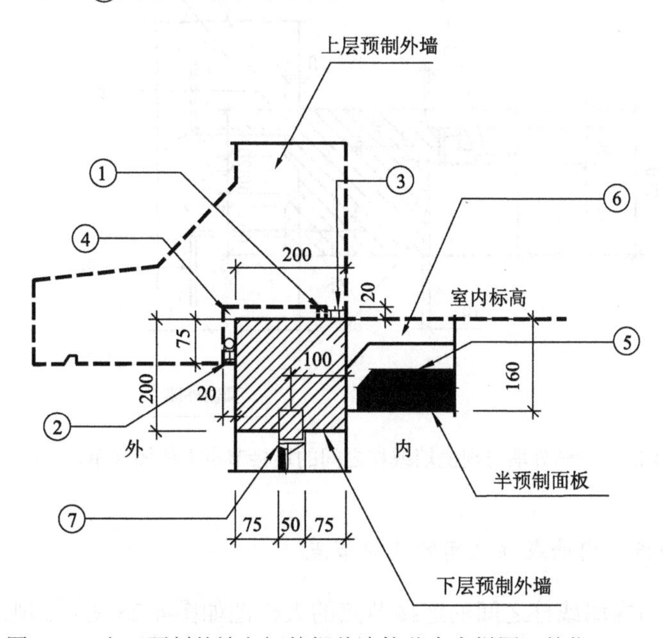

图 4-22　上下预制外墙之间的帽盖连接节点大样图（单位：mm）

2. 预制外墙与现浇墙或柱之间的连接节点

预制外墙与现浇墙或柱之间的连接节点的大样图如图 4-24 所示。在图 4-24 中，⑤为施工缝；⑦为预埋铝窗；⑧为锚固钢筋与现浇结构连接。

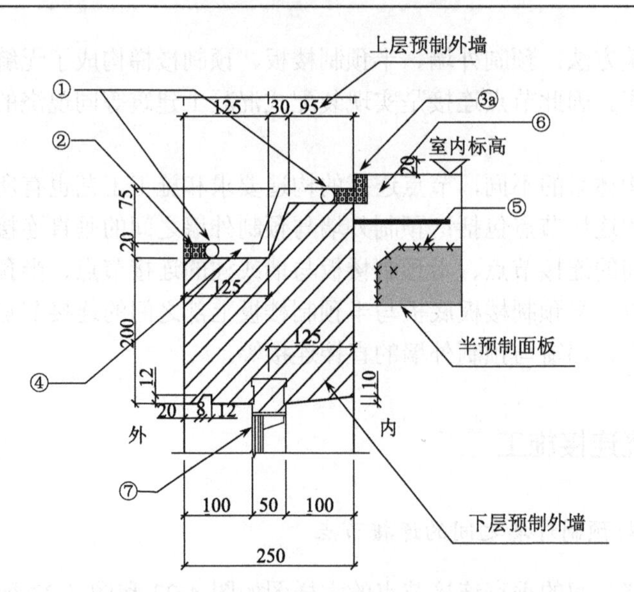

图 4-23　上下预制外墙之间的企口连接节点大样图（单位：mm）

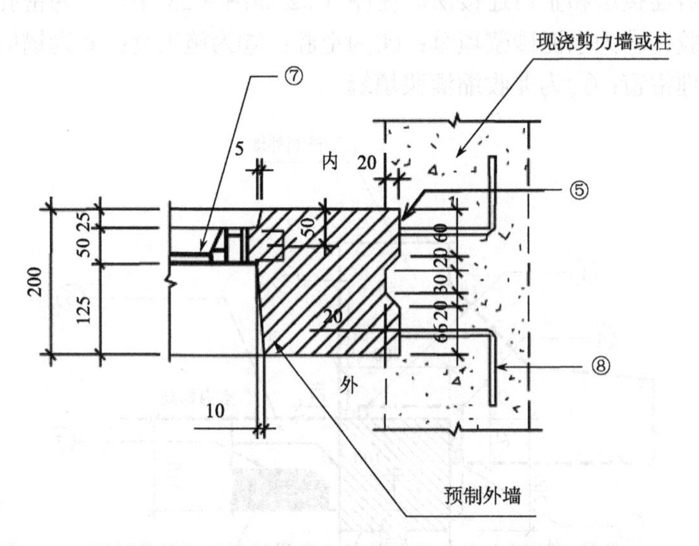

图 4-24　预制外墙与现浇墙或柱之间的连接节点大样图（单位：mm）

3. 半预制楼板与内墙或柱之间的连接节点

半预制楼板与内墙或柱之间的连接节点的大样图如图 4-25 所示。现浇剪力墙作为半预制楼板的中支座，剪力墙两端的半预制楼板分别搁置在剪力墙上，搁置长度应符合设计规范要求，半预制楼板纵向受力底筋在中间节点宜贯通或采用对接连接，面筋采用贯通钢筋连接现浇剪力墙两端的半预制楼板面层。

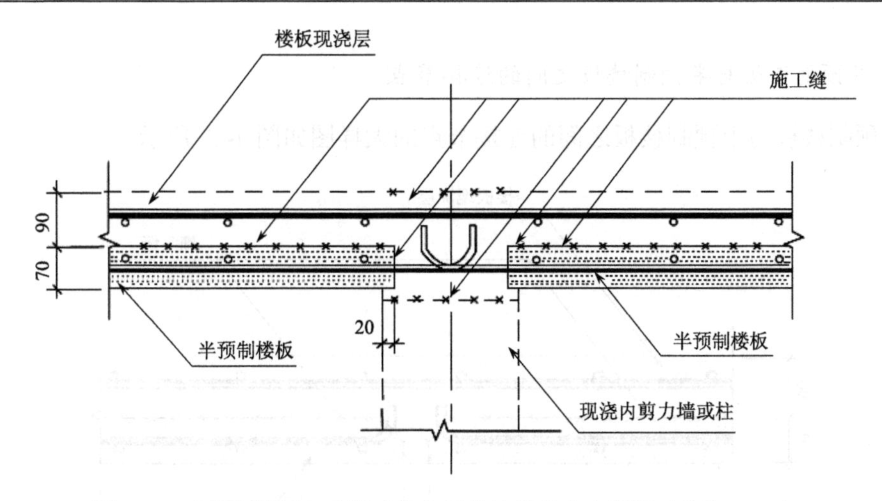

图 4-25　半预制楼板与内墙或柱之间的连接节点大样图（单位：mm）

4. 半预制楼板与外墙之间的连接节点

半预制楼板与外墙之间的连接节点的大样图如图 4-26 所示。半预制楼板与剪力墙端部连接，现浇剪力墙作为叠合板的端支座，叠合板搁置在剪力墙上，叠合板纵向受力钢筋在现浇剪力墙端节点处采用锚入形式，搁置长度、锚固长均应符合设计规范要求。

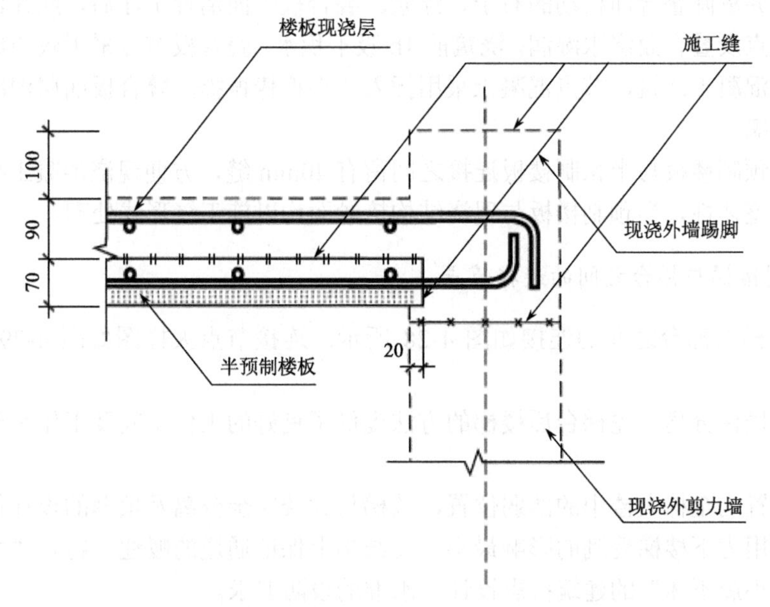

图 4-26　半预制楼板与外墙之间的连接节点大样图（单位：mm）

5. 半预制楼板与半预制楼板之间的连接节点

半预制楼板与半预制楼板之间的连接节点的大样图如图 4-27 所示。

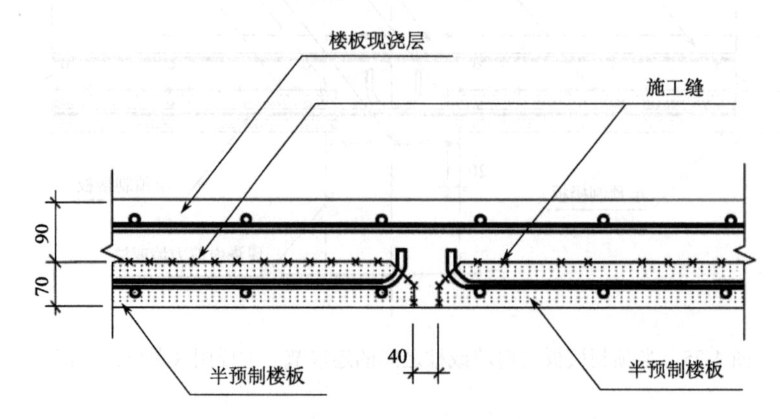

图 4-27　半预制楼板与半预制楼板之间的连接节点大样图（单位：mm）

（1）半预制楼板间拼缝处理：为保证半预制楼板拼缝处钢筋的保护层厚度和楼板厚度，在半预制楼板的拼缝处板的边缘设置了 30mm×30mm 的倒角。半预制楼板安装完成后，采用较原结构高一等级的无收缩混凝土浇筑叠合板间拼缝。

（2）半预制楼板节点及面层混凝土浇筑：混凝土浇筑前，应将模板内及叠合面垃圾清理干净，并剔除叠合面松动的石子、浮浆。叠合板表面清理干净后，应在混凝土浇筑前 24h 对节点及叠合面浇水湿润，浇筑前 1h 吸干积水。叠合板节点采用较原结构高一等级的无收缩混凝土浇筑，节点混凝土采用插入式振捣棒振捣，叠合板面层混凝土采用平板振动器振捣。

（3）半预制楼板与半预制楼板连接之间留有 40mm 缝，方便现浇混凝土振捣进入，确保楼板的整体性，半预制楼板与现浇结构接触面均以施工缝形式处理。

6. 预制楼梯与梯台之间的连接节点

预制楼梯与梯台之间的连接如图 4-28 所示。连接节点大样图如图 4-29 及图 4-30 所示。

梯台与楼梯分离，先梯台后楼梯的方法提供了良好的工作空间及工作平台给现场施工工人。

楼梯位置为全栋大楼中的薄弱位置，楼梯与大楼完全分离及填缝的设计保证大楼在强大外来作用力下楼梯受到的影响最小。在结构上保证通道的畅通，符合“大震不倒、中震可修、小震不坏”的建筑抗震设计三水准的设防要求。

7. 铝窗与预制外墙的连接节点

铝窗在浇灌预制外墙前预先安装，前嵌式预制外墙与现浇墙形成整体，避免了后安装窗渗水情况，体现了无缝半预制装配式混凝土建筑的理念。

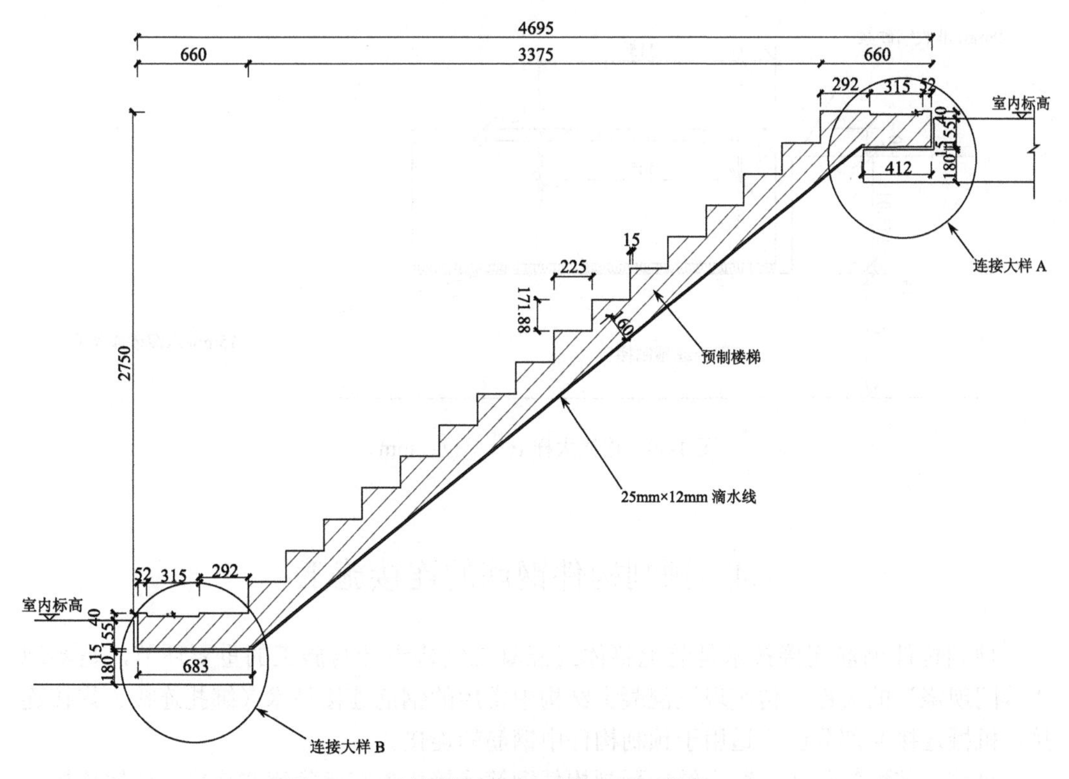

图 4-28　预制楼梯剖面及连接方法（单位：mm）

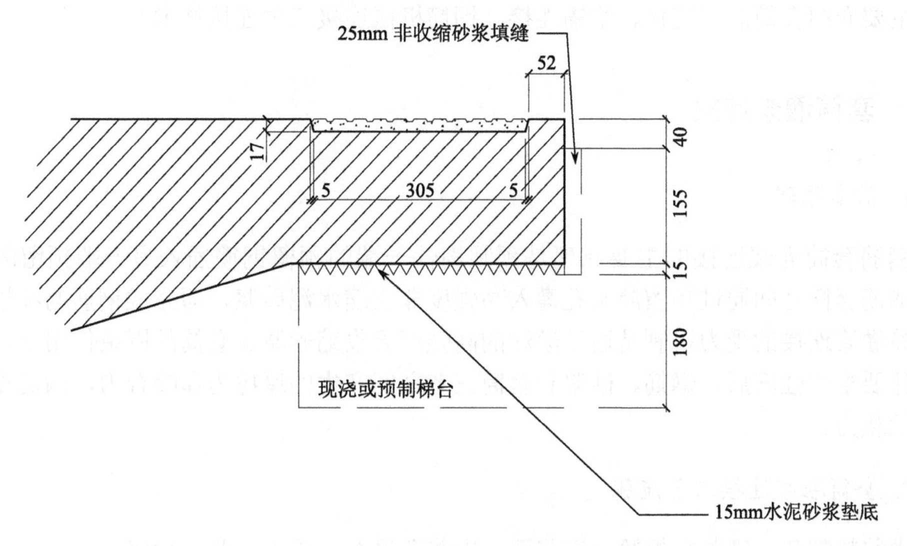

图 4-29　连接大样 A（单位：mm）

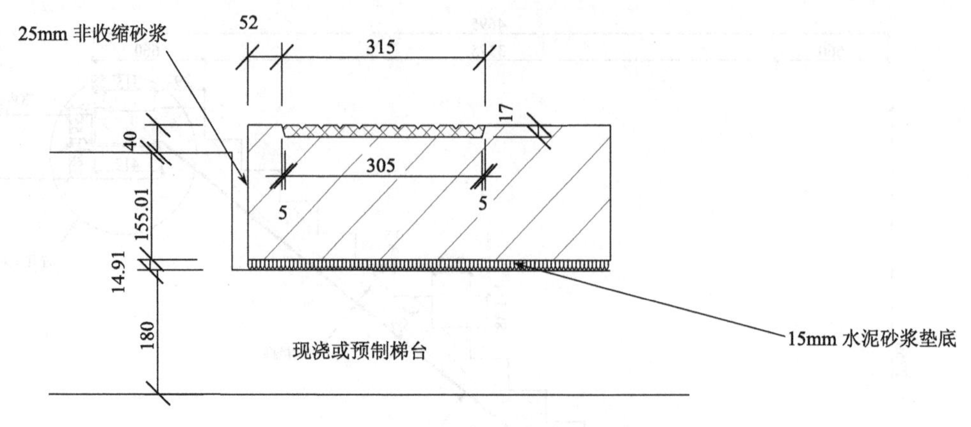

图 4-30　连接大样 B（单位：mm）

4.4　预制构件钢筋的连接施工

预制构件钢筋连接技术是装配整体式混凝土结构设计与施工的重要环节，是实现“等同现浇”的关键。传统现浇混凝土结构中常用的钢筋连接技术（绑扎连接、焊接连接、机械连接）部分已不适用于预制构件中钢筋的连接。

目前，装配整体式混凝土结构预制构件钢筋连接主要有套筒灌浆连接、浆锚连接、焊接或螺栓连接、钢筋机械连接等方式，其中焊接或螺栓连接主要用于预制钢结构中。本书主要介绍套筒灌浆连接、浆锚连接、钢筋机械连接三种连接技术。

4.4.1　套筒灌浆连接

1. 基本原理

钢筋套筒灌浆连接的主要原理是预制构件一端的预留钢筋插入另一端预留的套筒内，钢筋套筒之间通过预留灌浆孔灌入高强度非收缩水泥砂浆，即完成钢筋的续接。钢筋套筒灌浆连接的受力机制是通过灌注的高强度无收缩砂浆在套筒的围束作用下，在达到设计要求的强度后，钢筋、砂浆和套筒三者之间产生的摩擦力和咬合力，满足设计要求的承载力。

2. 套筒灌浆连接工艺流程

灌浆料制备→灌浆料检验→灌浆孔、出浆孔检查→压力注浆→封堵。

3. 套筒灌浆连接操作工艺

1）灌浆料制备

灌浆料的材料及配合比应按照工程设计及厂家给定的工艺要求进行制备。

当未给定工艺要求时，应按下述要求进行制备：严格按灌浆料出厂检验报告要求的水料比用电子秤分别称量灌浆料和水，也可用刻度量杯计量水。先将水倒入搅拌桶，然后加入约 70%料，用专用搅拌机搅拌 1～2min 大致均匀后，再将剩余料全部加入，再搅拌 3～4min 至彻底均匀。搅拌均匀后，静置约 2～3min，使浆内气泡自然排出后再使用。

2）灌浆料检验

流动度检验：每班灌浆连接施工前进行灌浆料初始流动度检验，记录有关参数，流动度合格后方可使用。环境温度超过产品使用温度上限（35℃）时，须做实际可操作时间检验，保证灌浆施工时间在产品可操作时间内完成。

现场强度检验：根据需要进行现场抗压强度检验。制作试件前浆料也需要静置 2～3min，使浆内气泡自然排出。试块要密封后与现场同条件养护。

3）灌浆孔、出浆孔检查

在正式灌浆前，逐个检查各接头的灌浆孔和出浆孔内有无影响浆料流动的杂物，确保孔路畅通。

4）灌浆

用灌浆泵从接头下方的灌浆孔处向套筒内压力灌浆。灌浆浆料要在自加水搅拌开始 20～30min 内灌完，以尽量保留一定的应急操作时间；同一仓只能在一个灌浆孔灌浆，不能同时选择两个以上灌浆孔；同一仓应连续灌浆，不得中途停顿。如果中途停顿，再次灌浆时，应保证已灌入的浆料有足够的流动性，还需将已经封堵的出浆孔打开，待灌浆料再次流出后逐个封堵出浆孔。

5）灌浆孔、排浆孔封堵

接头灌浆时，待接头上方的排浆孔流出浆料后，及时用专用橡胶塞封堵。灌浆泵（枪）口撤离灌浆孔时，也应立即封堵。通过水平缝连通腔一次性向构件的多个接头灌浆时，应按浆料排出先后顺序依次封堵灌浆排浆孔，封堵时灌浆泵（枪）一直保持灌浆压力，直至所有灌、排浆孔出浆并封堵牢固后再停止灌浆。在灌浆完成、浆料凝固前，应巡视检查，已灌浆的接头如有漏浆应及时处理。灌浆料凝固后，取下灌、排浆孔封堵胶塞，检查孔内凝固的灌浆料上表面应高于排浆孔下缘 5mm 以上。灌浆后灌浆料同条件试块强度达到 35MPa 后方可进入后续施工（扰动）。通常，环境温度在：15℃以上，24h 内构件不得受扰动；5～15℃，48h 内构件不得受扰动；5℃以下，视情况而定。如温度过低，即环境温度低于 5℃时，需对构件接头部位采取加热保温措施，要保持加热 5℃以上至少 48h，在此期间构件连接接头灌浆处不得受到扰动。

4.4.2　浆锚连接

1. 基本原理

浆锚连接是从预制构件表面外伸一定长度的不连续钢筋插入所连接的预制构件对应位置的预留孔道内，钢筋与孔道内壁之间填充高强度无收缩灌浆料，形成钢筋浆锚连接。目前国内普遍采用的连接构造主要有约束浆锚连接和金属波纹管浆锚连接。

约束浆锚连接在接头范围预埋螺旋箍筋，并与构件钢筋同时预埋在模板内；通过抽心制成带肋孔道，并通过预埋 PVC 软管制成灌浆孔与排浆孔用于后续灌浆作业；待不连续钢筋插入孔道后，对灌浆孔进行压力灌注高强度无收缩水泥基灌浆料；不连续钢筋通过灌浆料、混凝土与预埋钢筋形成搭接接头。也就是说钢筋中的拉力是通过剪力传递到灌浆料中，再传递到周围的预制混凝土之间的界面中去的，其构造示意见图 4-31。

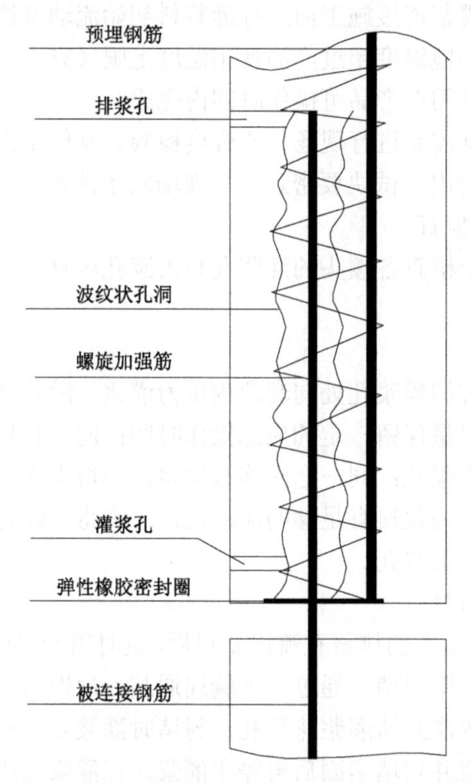

图 4-31 约束浆锚连接示意图（郭正兴等，2018）

金属波纹管浆锚搭接连接采用预埋金属波纹管成孔，在预制构件模板内，波纹管与构件预埋钢筋紧贴，并通过扎丝绑扎固定；波纹管在高处向模板外弯折至构件表面，作为后续灌浆料灌注口；待不连续钢筋伸入波纹管后，从灌注口向预埋金属波纹管内灌注高强度无收缩水泥基灌浆料；不连续钢筋通过灌浆料、金属波纹管及混凝土与预埋钢筋形成搭接连接接头，其构造示意见图 4-32。

2. 浆锚连接施工要点

预制构件主筋采用浆锚连接的方式，在设计上对抗震等级和高度有一定的限制。在预制剪力墙的连接中使用较多，预制立柱的连接一般不宜采用。

钢筋浆锚连接的施工流程可按照以下工序进行：

注浆孔清理→预制构件封模→无收缩砂浆制备→砂浆坍落度检测→无收缩砂浆注浆→场地清理。

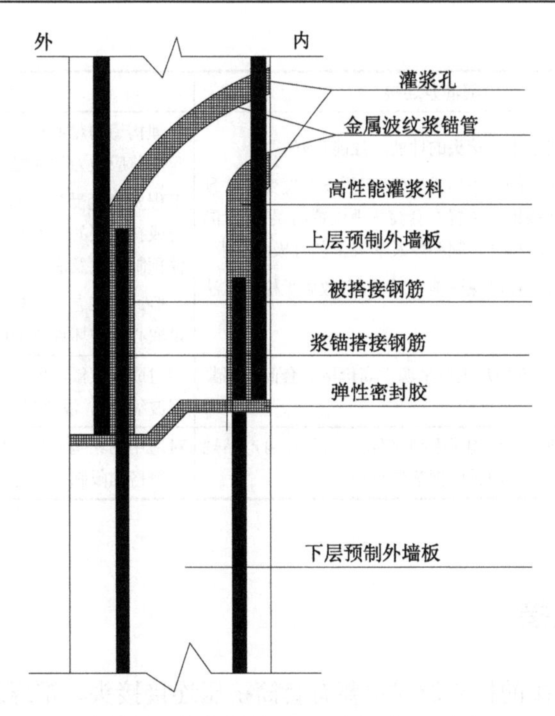

图 4-32　金属波纹管浆锚连接示意图（郭正兴等，2018）

浆锚灌浆连接节点施工的关键是灌浆材料及施工工艺。纵向钢筋采用浆锚搭接连接时，对预留孔成孔工艺、孔道形状和长度、构造要求、灌浆料和被连接的钢筋，应进行力学性能以及适用性的试验验证。直径大于 20mm 的钢筋不宜采用浆锚搭接连接，直接承受动力荷载构件的纵向钢筋不应采用浆锚搭接连接。

4.4.3　套筒灌浆连接与浆锚连接技术的比较

套筒灌浆连接与浆锚连接是两种完全不同的钢筋连接技术，具有各自特点，其对比见表 4-1。

表 4-1　套筒灌浆连接与浆锚连接的比较（郭正兴等，2018）

连接方法	套筒灌浆连接	浆锚连接
连接机制	对接连接，属于机械连接范畴，其连接性能主要由套筒参数（如材料强度、壁厚、内腔凹凸构造等）、灌浆料质量等要素决定	搭接连接，其连接性能主要由成孔质量、孔洞内壁构造、灌浆料质量及约束钢筋配置等要素决定
设计方法	无专用设计方法，根据不同套筒产品的技术参数确定其连接长度，其长度一般为 $6d$～$8d$（套筒直径）	无专用设计方法，基于试验结果，按混凝土母材计算得到的受拉钢筋锚固长度或抗震锚固长度确定其连接长度

续表

连接方法	套筒灌浆连接	浆锚连接
安全性	达到钢筋机械连接 I 级接头的性能，性能良好。 工程应用前做必要的接头形式检验。工程安全度受构件预制精度（包括连接钢筋位置与套筒预埋位置的误差）、灌浆饱满度影响，对构件预制精度及灌浆工艺有极高要求。 一般通过工艺流程控制保证施工质量，有效质量检测方法尚待研发	合理构造与精心施工可满足钢筋传力要求。工程应用前应做力学性能以及适用性的验证试验。 工程安全度受构件预制精度（包括连接钢筋位置与成孔位置的误差）、灌浆饱满度直接影响，对构件预制精度及灌浆工艺有极高要求。 一般通过工艺流程控制保证施工质量，必要时可以取心做破坏性质量检测
经济性	相对成本较高，成本增加主要来源于高价格的套筒与灌浆料产品	相对成本较低，成本增加主要来源于成孔材料（金属波纹管）、灌浆料、约束螺旋箍筋等
适用性	对结构本身及使用部位均无限制，仅由于套筒自身产品规格制约，限制了其适用带肋钢筋的直径	对适用的结构高度、结构部位及钢筋直径等均有较严格的限制

4.4.4 钢筋机械连接

目前钢筋机械连接的接头形式主要有套筒挤压连接接头、锥螺纹连接接头和直螺纹连接接头等形式。

（1）套筒挤压连接接头：通过挤压力使连接件钢套筒塑性变形与带肋钢筋紧密咬合形成的接头。有两种形式，径向挤压连接和轴向挤压连接。由于轴向挤压连接现场施工不方便及接头质量不够稳定，应用得较少；而径向挤压连接技术，现场挤压施工较为方便，应用较为广泛，目前工程中使用的套筒挤压连接接头都是径向挤压连接。

（2）锥螺纹连接接头：通过钢筋端头特制的锥形螺纹和连接件锥形螺纹咬合形成的接头。锥螺纹连接技术的诞生克服了套筒挤压连接技术存在挤压不均匀、套筒开裂等造成咬合力不足问题。锥螺纹丝头完全是提前预制，现场连接占用工期短，现场只需用力矩扳手操作即可。但是锥螺纹连接接头质量不够稳定，由于加工螺纹的小径削弱了母材的横截面积，从而降低了接头强度，一般只能达到母材实际抗拉强度的 85%～95%。我国的锥螺纹连接技术其螺距较单一，采用螺距均为 2.5mm，而 2.5mm 螺距主要适合于直径 22mm 钢筋的连接，太粗或太细钢筋连接的强度都不理想，尤其是直径为 36mm、40mm 钢筋的锥螺纹连接，很难达到母材实际抗拉强度的 90%。由于锥螺纹连接技术具有施工速度快、接头成本低的特点，得到了较大范围的推广使用，但由于存在的缺陷较大，逐渐被直螺纹连接接头所代替。

（3）直螺纹连接接头：等强度直螺纹连接接头是国际钢筋连接的最新潮流，接头质量稳定可靠，连接强度高，可与套筒挤压连接接头相媲美，而且又具有类似锥螺纹接头施工方便、速度快的特点。直螺纹连接接头主要有镦粗直螺纹连接接头和滚压直螺纹连接接头，这两种工艺采用不同的加工方式，增强钢筋端头螺纹的承载能力，达到接头与钢筋母材同等强度的目的。

钢筋机械连接技术是一项新型钢筋连接工艺，被称为继绑扎、电焊之后的“第三代钢筋接头”，具有接头强度高、速度快、无污染、节省钢材等优点，这一连接技术主要用在现浇钢筋混凝土建筑中，已比较成熟。

4.5　预制构件成品保护

预制构件成品保护主要包括以下几方面的工作：

（1）交叉作业时，应做好工序交接，不得对已完成工序的成品、半成品造成破坏。

（2）预制构件在安装施工过程中及装配后应做好成品保护，成品保护可采取包、裹、盖、遮等有效措施：①预制外墙板饰面砖、石材、涂刷、门窗等处宜采用贴膜保护或其他专业材料保护。预制外墙板安装完毕后，门、窗框应用槽形木框保护。②装配式混凝土建筑的预制构件和部品在安装施工过程中及工程验收前，应采取防护措施，不应受到施工机具碰撞。施工梯架、工程用的物料等不得支撑、顶压或斜靠在部品上。③当进行混凝土地面施工时，应防止物料污染、损坏预制构件和部品表面。④遇有大风、大雨、大雪等恶劣天气时，应采取有效防护措施，对存放预制构件成品进行保护。

（3）预制构件安装完成后的成品应采取有效的产品保护措施。连接止水条、高低口、墙体转角等薄弱部位，应采用定型保护垫块或专用套件做加强保护。

（4）在装配式建筑的施工全过程中，应采取防止预制构件及预制构件上的建筑附件、预埋件、预埋吊件等损坏或污染的保护措施。

（5）预制楼梯饰面宜采用现场后贴施工，采用构件制作先贴法时，应采用铺设木板或其他覆盖形式的成品保护措施。楼梯安装后，踏步口宜铺设木条或其他覆盖形式进行保护。

（6）预制构件暴露在空气中的预埋铁件应涂抹防锈漆。

（7）预制构件的预埋螺栓孔应填塞海绵棒。

思　考　题

1. 各类预制构件吊装的工艺流程是什么？
2. 节点连接的主要形式及现浇施工注意事项是什么？
3. 预制构件钢筋连接的种类及施工要点是什么？
4. 预制构件成品保护的主要内容有哪些？

第5章　装配式混凝土建筑模板施工

5.1　概　　述

装配式混凝土建筑的模板是按设计形状制作成形的模具，它适用于钢筋混凝土构件成型施工，主要由模板及支撑系统两部分组成。

装配式混凝土建筑相比传统建筑，模板直接接触混凝土，使混凝土浇筑成设计规定的形状和尺寸。它的特点是取消了楼板底模，用墙体大钢模等代替了传统木模板，现场建筑垃圾可大幅度减少。

5.2　组合钢模板施工

5.2.1　组合钢模板概况

组合钢模板是由定型板块、专用连接件和支承件组合而成的混凝土结构模具体系，是一种工具式模板，用它可以拼出多种尺寸和形状的模板，适用于多种类型装配式混凝土建筑中不同节点位置之间衔接处的混凝土的浇筑，也可以拼成大模板。组合钢模板的优点如下：

（1）应用范围广，适用于不同的工程规模、结构形式和施工工艺，组合钢模板可以就地拼装、整体吊装，可以做成滑模、爬模等。

（2）使用寿命长，部件强度高，耐久性好，能快速周转。若及时保养修理，妥善维护，可成为久用工具。

（3）板块制作精度高，拼缝严密，刚度大，不易变形，成型的混凝土结构尺寸准确，结构密实度高，表面平整、光洁。

（4）组合刚度大，板块错缝布置，拼成的面板有平面、折面等多种形状。例如，由面板组合成柱梁模壳，其本身就是承重构件，更能提高整体刚度，便于整体吊装，也可使支架结构简单化。

组合模板由钢模板和配件两部分组成，其中，钢模板包括：

（1）连接角模（图5-1（a））：主要用于装配式混凝土建筑的柱、梁及墙体等外角及阴角的转角部位。

（2）阳角模板（图5-1（b））：主要用于装配式混凝土建筑的柱、梁及墙体等外角及阳角的转角部位。

（3）阴角模板（图5-1（c））：主要用于装配式混凝土建筑各构件的内角及凹角部位。

（4）平面模板（图 5-1（d））：主要用于装配式混凝土建筑的现浇墙体、梁、柱等各种结构的平面部分。

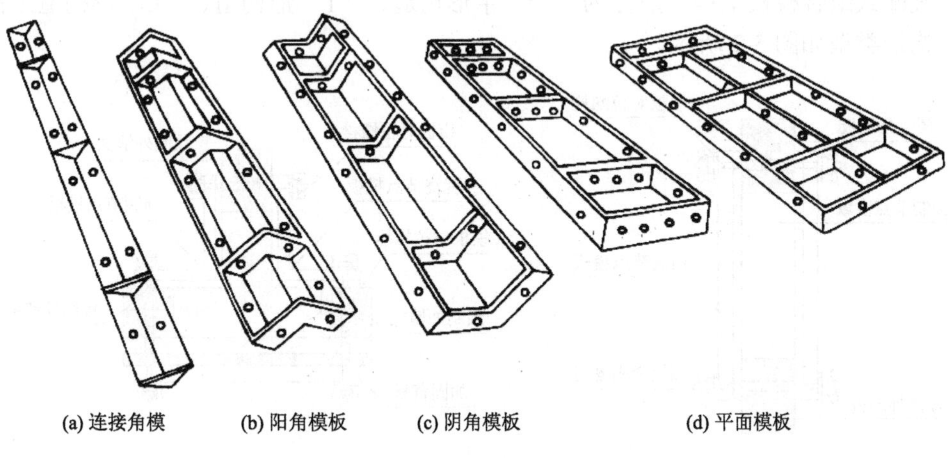

图 5-1　组合模板的分类

5.2.2　组合钢模板设计与制作

1. 组合钢模板设计要求

模板及支架的设计应根据工程结构形式、荷载大小、施工设备和材料等条件进行设计，模板及支架的设计应符合下列规定：

（1）模板应具有足够的承载力、刚度和稳定性，应能可靠地承受新浇混凝土的自重、侧压力和施工过程中所产生的荷载（外伸梁板弯矩）及风荷载。

（2）构造应简单，拆装方便，便于钢筋的绑扎、安装和混凝土的浇筑、养护。

（3）当验算模板及其支架在自重、弯矩荷载和风荷载作用下的抗倾覆稳定时，应符合相应材质结构设计规范的规定。

（4）模板及支架应根据施工期间各种受力状况进行结构分析，并确定其最不利的作用效应组合。

（5）模板及支架结构构件计算应符合国家标准《混凝土结构工程施工规范》（GB 50666—2011）的有关规定。

模板设计应包括下列内容：

（1）根据混凝土的施工工艺和季节性施工措施，确定其构造和所承受的荷载。

（2）绘制模板和配件设计图、支撑布置设计图、细节构造和异形模板大样图。

（3）按模板承受荷载的最不利组合对模板进行验算。

（4）制定模板安装和拆除的程序和方法。

（5）编制模板及配件的规格、数量汇总表和周转使用计划。

（6）编制模板施工安全、防火措施及设计、施工说明书。

2. 模板构造类型

装配式组合模板工程一般分为“一”字形构造、“T”形构造、“L”形构造三种类型。构造类型如图 5-2 所示。

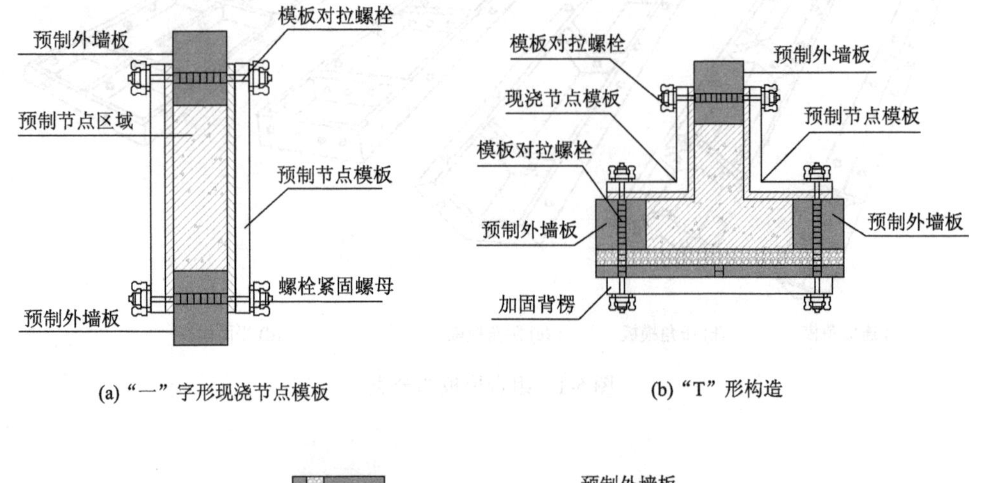

(a)“一”字形现浇节点模板　(b)“T”形构造

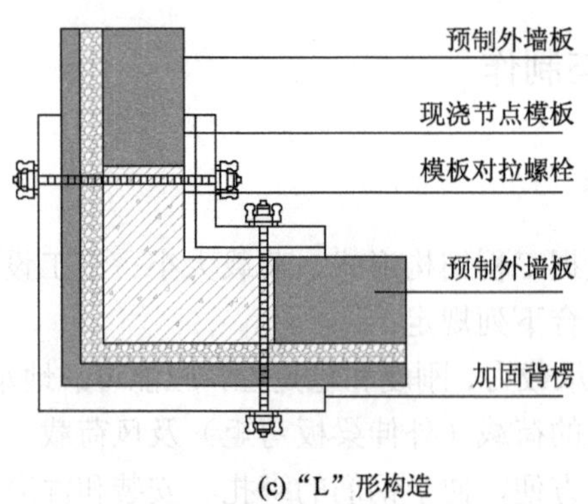

(c)“L”形构造

图 5-2　装配式组合模板工程构造类型图

模板结构形式宜采用定型模板，模板的连接、对拉间距及规格数量根据模板的刚度进行设计；模板的连接螺栓、连接螺栓预埋螺母、对拉螺杆的设计需要在墙板预制生产阶段前期，根据施工安装选用模板体系进行设计。

5.2.3　组合钢模板施工方法

1. 施工流程

施工管理及操作人员应熟悉模板设计施工图纸，按照模板施工平面布置图和编号，确认模板安装位置及所用到的模板类型；预制外墙面板（PCF 板）安装就位后，必须设置必要的临时固定措施；模板应保证后浇混凝土部分形状、尺寸和位置准确，并防止漏浆；在浇筑混凝土前应洒水润湿结合面，混凝土应振捣密实。施工流程如图 5-3 所示。

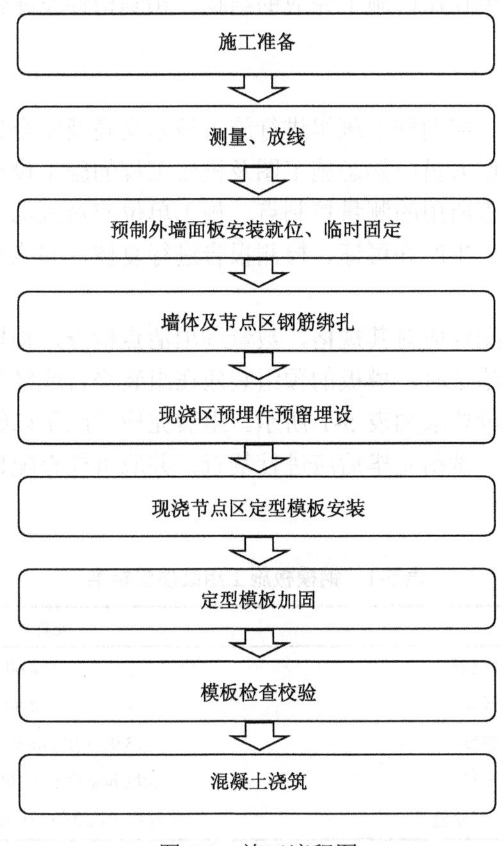

图 5-3　施工流程图

2. 施工规定

模板工程应编制专项施工方案；模板及支架应根据施工过程中的各种工况进行设计，应具有足够的承载力和刚度，并保证其整体稳定性；模板及支架应保证工程结构和构件各部分形状、尺寸和位置准确，检查模板是否存在缝隙，防止漏浆，且应便于钢筋安装和混凝土浇筑、养护；模板与预制构件连接部位宜选用标准定型连接方式及产品。

安装模板时，应进行测量放线，并应采取保证模板位置准确的定位措施。

对竖向构件的模板及支架，应根据混凝土一次浇筑高度和浇筑速度，采取竖向模板抗侧移和抗倾覆措施。

对水平构件的模板及支架，应结合不同的支架和模板面板形式，采取支架间、模板间及模板与支架间的有效拉接措施。对可能承受较大风荷载的模板，应采取防风措施。

模板安装应保证混凝土结构构件各部分形状、尺寸和相对位置准确，防止漏浆；预制墙板间后浇混凝土的节点模板应在钢筋绑扎完成后进行安装；模板与混凝土接触面应清理干净并涂刷脱模剂，脱模剂不得污染钢筋和混凝土接槎处；固定在模板上的预埋件、预留孔和预留洞，均不得遗漏，且应安装牢固、位置准确。采用焊接或螺栓连接构件时，应符合设计要求或国家有关钢筋混凝土结构施工标准的规定，并应做好防腐和防火处理。采用焊接连接时，应避免损伤已施工完成的结构、预制构件及配件。

3. 施工准备

组合钢模板安装前，应向施工班组进行施工技术交底及安全技术交底，并应履行签字手续。有关施工及操作人员应熟悉施工图及模板工程的施工设计。施工现场应有可靠的能满足模板安装和检查所用的测量控制点。施工单位应对进场的模板、连接件、支承件等配件的产品合格证、生产许可证、检测报告进行复核，并应对其表面观感、重量等物理指标进行抽检。

现场使用的模板及配件应对其规格、数量逐项清点检查，损坏未经修复的部件不得使用。采用预组装模板施工时，模板的预组装应在组装平台或经平整处理过的场地上进行，钢模板施工组装质量要求如表 5-1 所示。组装完毕后应予以编号，应按组装质量标准逐块检验后进行试吊，试吊完毕后应进行复查，并应再检查配件的数量、位置和紧固情况。

表 5-1　钢模板施工组装质量标准　　（单位：mm）

项目	允许偏差
两块模板之间拼接缝隙	≤2.00
相邻模板面的高低差	≤2.00
组装模板板面平整度	≤3.00（用 2m 长平尺检查）
组装模板板面的长宽尺寸	≤长度和宽度的 1/1000，最大±4.00
组装模板两对角线长度差值	≤对角线长度的 1/1000，最大≤7.00

经检查合格的组装模板，应按安装程序进行堆放和装车，平行叠放时应稳当妥帖，并应避免碰撞，每层之间应加垫木，模板与垫木均应上下对齐，底层模板应垫离地面不小于 100mm。

立起模板时，应采取防止倾倒并保证稳定的措施，平装运输时，应整堆捆紧。钢模板安装前，应涂刷脱模剂，但不得采用影响结构性能或妨碍装饰工程施工的脱模剂，在涂刷模板脱模剂时，不得污染钢筋和混凝土接槎处，禁止用废机油代替脱模剂涂刷模板。

注意垫木硬度均匀性，厚度、宽度等规格要统一，防止因垫木硬度差异及规格不同引起的组合模板发生错位、不稳定等。

在钢模板施工中，不得用钢模板替代扣件、钢筋替代对位螺栓以及木方替代柱箍。

4. 安装和拆除

现场安装组合钢模板时，应符合下列规定：

（1）应按配板图与施工说明书准确就位，仔细循序拼装。

（2）配件应装插牢固，支柱和斜支撑下的支撑面应平整垫实，并有足够的受压面积，支承件应着力于外钢楞。

（3）预埋件与预留孔洞应位置准确，并安设牢固。

（4）墙和柱子模板的底面应找平，下端应与事先做好的定位基准靠紧垫平，在墙、柱上继续安装模板时，模板应有可靠的支撑点，其平直度应进行校正。

模板工程的安装应符合下列要求：

同一条拼缝上的U形卡，不宜向同一方向卡紧；墙两侧模板的对位螺栓孔应平直相对，穿插螺栓时不得斜拉硬顶。钻孔应采用机具，不得用电、气焊灼烧。钢楞宜取用整根杆件，接头应错开设置，搭接长度不应少于200mm。

模板安装的起拱与支模的方法、焊接钢筋骨架安装、预埋件和预留孔洞的允许偏差、预组装模板安装的允许偏差，以及预制构件模板安装的允许偏差等，均应按现行国家标准《混凝土结构工程施工质量验收规范》（GB 50204—2015）的有关规定执行。

曲面结构可用双曲可调模板，采用平面模板组装时，应使用小宽度的长条形模板，使模板面与设计曲面的最大差值不超过设计的允许值。

模板工程安装完毕后，应检查验收后再进行下道工序，混凝土的浇筑应按现行国家标准《混凝土结构工程施工质量验收规范》（GB 50204—2015）的有关规定执行。

模板及其支架拆除前，应检查混凝土同条件试块强度报告，拆除时的混凝土强度应符合现行《混凝土结构工程施工质量验收规范》（GB 50204—2015）的有关规定执行。

现场拆除组合钢模板时应符合下列规定：

拆除前应制定拆除模板顺序、拆模方法及安全措施，节点浇筑模板拆除时，可采取先支后拆方法。如后支先拆，先拆非承重模板，对承重模板做好临时支撑再进行拆除，并应从上而下进行拆除。

当混凝土强度能保证其表面及棱角不受损伤时，方可拆除侧模。

拆下的模板及支架严禁抛掷，拆下的模板和配件均应分类堆放整齐，附件应放在工具箱内，并及时清运。

模板拆除后应将其表面清理干净，并对变形和损伤的部位进行修补如新。

5. 施工安全注意事项

进入施工现场人员一律佩戴安全帽，无关人员不得进入现场。高空作业人员必须系好安全带。

在组合钢模板上架设的电线和使用的电动工具，应采用36V的低压电源或采取其他有效的安全措施。在操作平台上进行电、气焊作业时，应有防火措施和专人看护。

登高作业时，连接件应放在箱盒或工具袋中，不应放在模板或脚手架上，扳手等各类工具应系挂在身上或放置于工具袋内，以防掉落。

高耸建筑施工时，如遇到雷电、6级及以上大风、大雪和浓雾等天气应停止施工，对施工中用到的设备、工具、零散材料等进行整理、固定，已使用结束不再使用的设备、工具、材料从现场转运到固定堆放点，做好及时清理，并应做好安全防护，全部人员撤离后应立即切断电源。

高空作业人员不得攀登组合钢模板或脚手架等上下，也不得在高空的墙顶、独立梁及其模具等上面行走。

组合钢模板装拆时，上下应有人接应，钢模板应随时装拆随时转运，不得堆放在脚手架上，不得抛掷踩撞，中途停歇时，应将活动部件固定牢靠。

装拆模板应有稳固的登高工具或脚手架，高度超过 3.5m 时，应搭设脚手架。装拆过程中，除操作人员外，脚手架下面不得站人，高处作业时，操作人员应系安全带，地面应设置安全通道、围栏和警戒标志，并应派专人看守，非操作人员不得进入作业范围内。

安装墙、柱模板时，应随时支撑固定。安装预组装成片模板时，应边就位、边校正和安设连接件，并加设临时支撑稳固。

预组装模板装拆时，垂直吊运应采取 2 个以上的吊点，水平吊运应采取 4 个吊点，吊点应合理布置并进行受力计算。预组装模板拆除时，宜整体拆除，并应先挂好吊索，然后拆除支撑及拼接两片模板的配件，待模板离开结构表面后再起吊，吊钩不得脱钩。

拆除承重模板时，应先设立临时支撑，然后进行拆卸。模板支承系统在使用过程中，立柱底部不得松动悬空，不得任意拆除任何杆件，不得松动扣件，且不得作为缆风绳的拉接。

5.3 铝模板施工

5.3.1 铝模板概况

铝模板即铝合金模板，该模板的使用 1962 年起源于美国，迄今为止已有 60 余年的发展历史，在欧美、日韩、中东等国家和地区铝模板获得广泛应用。21 世纪初期我国港澳地区开始运用铝模板技术。近几年来，铝模板技术在广东等地的工程建设中逐渐开始使用。铝模板具有质量轻、强度高、操作方便等优点，现场施工人员上手较快，无须太多的木工操作基础，对工人的经验要求不高，经现场指导后，基本上搭设两到三个楼面后，就能很好地操作。

铝合金模板的优点：

（1）质量轻。每平方米质量不足 19kg。

（2）强度高、精度高，板面拼缝少。

（3）施工方便。铝合金建筑模板组装方便，可以由人工拼装，或者拼装成片后整体由机械吊装。

（4）有序规范操作，周转次数高，正常使用可达到 300 次。

（5）应用范围广。铝合金模板可以用作墙体模板、水平楼板、柱、梁、爬模等模板。

（6）混凝土表面平整光滑，可达到饰面或清水混凝土的效果。

（7）建筑工期短。比一般模板施工快 2～3 倍。

（8）承载力大。铝合金模板每平方米可承载 30kN 荷载。

（9）回收价值高。铝合金建筑模板残值高，均摊成本低，优势明显。

5.3.2　铝模板的施工步骤

1. 施工、技术、材料准备

1）施工准备内容

充分的前期施工准备是保证正常顺利施工和安全生产的前提，同时也是确保施工质量的基础。施工准备包括技术准备、材料准备、劳动准备以及施工场地准备 4 个方面（图 5-4）。

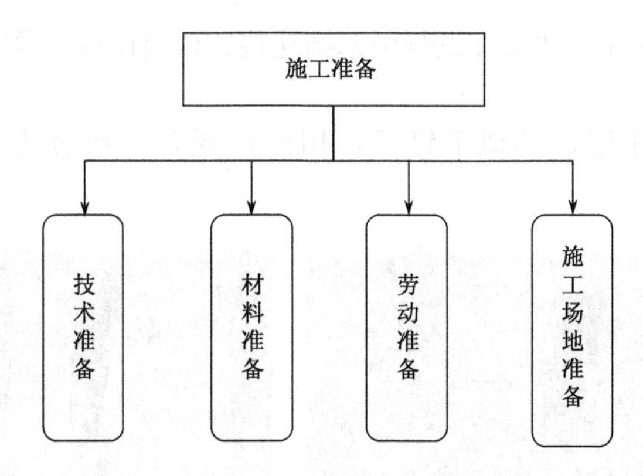

图 5-4　施工现场准备技术路线图

2）材料的准备

施工现场需要准备包括围檩杆件、C 形槽、定型小块板、定型小块墙板、销钉、垫片、铁片、托撑、龙骨、螺杆、流星锤、拉力丝等材料。需要准备的资料中常用如下代号或文字来表示配件。

围檩杆件，用“R”表示，主要起加固作用，类似木模加固的钢管（图 5-5）。

C 形槽，主要起承载、传递的作用，其形式有多种，用途广泛（图 5-6）。

图 5-5　围檩杆件

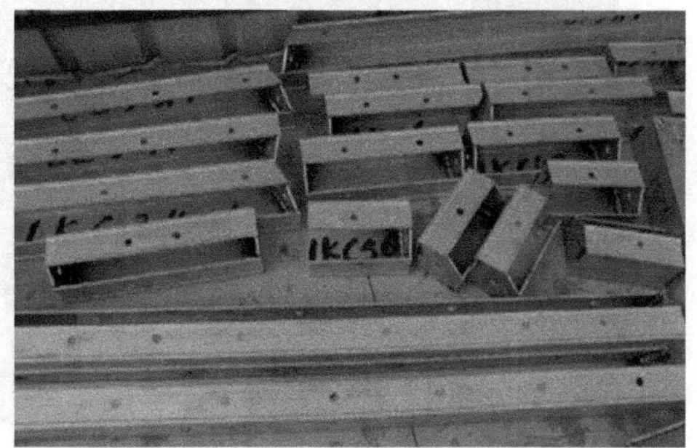

图 5-6　C 形槽

定型小块板，边框上标有字母“B”代表楼板（图 5-7）。

定型小块墙板，一般在边框上标有字母“W”代表墙板，“E”代表梁底（图 5-8）。

图 5-7　定型小块板

图 5-8　定型小块墙板

荷载，用“T”表示，主要在龙骨中起到连接、传递作用，常用销钉铁片与梁底板相连接（图 5-9）。

销钉，起固定作用，类似于钉子，用途广泛，一般分为短钉、中钉和长钉（图 5-10）。

图 5-9　销钉铁片

图 5-10　销钉

垫片，起到加厚的作用。当销钉与铁片锁紧构配件却不能起到锁紧的功能时，可以加厚垫片，达到锁紧的目的（图 5-11）。

图 5-11　垫片

铁片，起到锁住销钉的作用（图 5-12）。

托撑，起到承受竖向荷载的传递作用（图 5-13）。

图 5-12　铁片

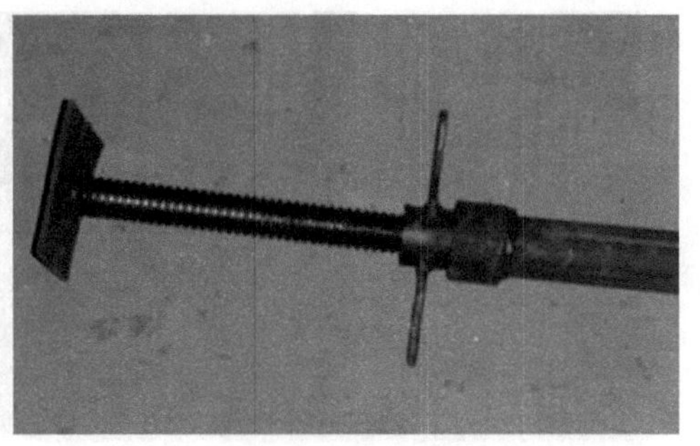

图 5-13　托撑

龙骨，用“B”表示，使小块的板连接，其自身也是板的一部分（图 5-14）。

螺杆，起拉结作用，常用于墙体固定，一般外套 PVC 管（图 5-15）。

图 5-14　龙骨

图 5-15　螺杆

流星锤，主要与托撑的立杆相连，多用于龙骨下面（图 5-16）。

拉力丝，在加固过程中起作用，类似于“山形扣”的一种配件（图 5-17）。

图 5-16　流星锤

图 5-17　拉力丝

2. 施工场地准备

现场各类材料应堆放整齐，墙板和楼板要分开，方便材料的运输（图 5-18）。施工工具主要为锤子、钩子和用于加固的销钉；运输车辆，用于运输材料，有转运的功能（图 5-19）。

图 5-18　现场材料的堆放

图 5-19　施工运输简易推车、钩子及锤子等工具

3. 总体施工流程

总体施工流程为：安装支墙模板，安装支梁底梁模板，安装 C 形槽，安装龙骨，顶板拼接、加固，浇筑混凝土，拆模，然后进入下一循环（图 5-20）。

墙柱模板施工流程：施工准备、定位放线及标高传递、安装墙柱模板定位装置、安装内模板与穿墙螺栓、安装外模及紧固螺栓，进行加固、检测、校正和验收。

结构梁支模施工流程：在梁底位置安装底模，在梁底支设支撑托撑，安装梁一侧模板，安装梁另一侧模板，进行加固、检测、校正和验收。

结构板支模施工流程：墙柱、梁支模加固完成后，安装 C 形槽，安装铝合金龙骨托架，搭设钢支撑托撑立柱，安装平板模板，进行模板平整度检查、校正和验收。

4. 质量标准

模板及其支架应根据工程结构形式、荷载大小、地基土类别、施工设备和材料供应等条件进行设计。模板及其支架应具有足够的承载力、刚度和稳定性，能可靠地承受混凝土的重量、侧压力以及施工荷载。

在浇筑混凝土之前，应对模板工程进行验收，如图 5-21 所示。验收合格后即可以进行混凝土浇筑，在混凝土浇筑过程中应对其进行振捣排出其中气泡，使混凝土密实结合，消除混凝土的蜂窝麻面等现象，以提高其强度，保证混凝土构件的质量。待混凝土强度达到模板拆除设计要求后，方可进行模板拆除和支架撤除，模板拆除及支架撤除的顺序和安全措施按施工技术方案执行。

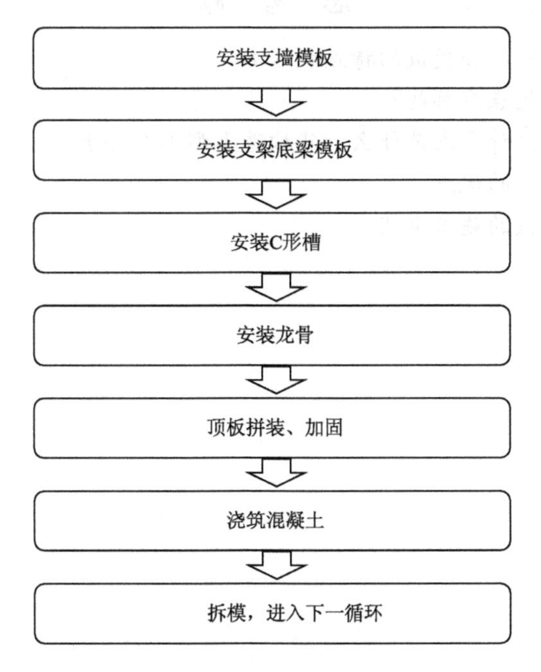

图 5-20　施工流程图

图 5-21　施工验收

5. 拆模顺序

铝模板拆模顺序如下：

（1）遵循先支的后拆，后支的先拆原则。也就是先拆板模，从龙骨开始，取下销钉，拆下模板，再拆 C 形槽，最后拆柱模。整个过程中，遇到有托撑处，不能拆除。当浇筑的混凝土达到强度后拆除，一般要配 4～6 层的托撑立杆、流星锤等构配件。

（2）模板的接缝不应漏浆，在浇筑混凝土之前，模板应浇水湿润，但不应有积水。

（3）模板在混凝土的接触面应清洗干净并刷隔离剂，但不得采用影响结构性能或妨碍装饰工程施工的隔离剂。

（4）浇筑混凝土前，模板内的杂物应清理干净。

思 考 题

1. 简述装配式建筑组合模板的特点和分类。
2. 组合钢模板的优点有哪些？
3. 组合钢模板的设计要求是什么，其构造类型怎么分类？
4. 简述铝合金模板的优点。
5. 简述铝合金模板的施工步骤。

第6章　装配式混凝土建筑外架施工

6.1　概　　述

6.1.1　装配式混凝土建筑的脚手架工程定义及作用

装配式混凝土建筑的脚手架工程是在施工现场为工人操作、安全防护以及解决楼层间少量垂直运输和水平运输而搭设的支架，属临时设施。

脚手架是装配式施工作业中不可缺少的设备，作为施工现场工作人员生产和堆放部分建筑材料所使用的平台，它既要满足施工的要求，又要为保证建筑工程质量和提高工作效率创造条件，其主要作用如下：

（1）保证工程作业面的连续性施工。

（2）能满足施工操作所需要的运料和堆料要求，并方便操作。

（3）对高处作业人员能起到防护作用，以确保施工人员的人身安全。

（4）能满足多层作业、交叉作业、流水作业和多工种之间配合作业的要求，使施工作业人员可以在不同部位进行操作。

对脚手架的基本要求是具有足够的强度、刚度及稳定性，且搭拆方便，能多次周转使用；与结构拉结可靠，有适当的宽度，满足操作和材料堆放及运输要求。

6.1.2　装配式混凝土建筑的脚手架工程分类

脚手架的分类方法多种多样，按用途划分有结构工程作业脚手架（简称为结构脚手架，也称为砌筑用脚手架）、装修工程作业脚手架（简称为装修用脚手架）、承重脚手架、支撑脚手架、防护用脚手架；按支固方式可分为落地式脚手架、悬挑式脚手架、附墙悬挂脚手架、吊脚手架、附着升降脚手架、水平移动脚手架等；按构造形式可分为多立杆式脚手架、框架组合式脚手架、格构式构件组合式脚手架及台架等；按设置形式可分为单排脚手架、双排脚手架、多排脚手架、满堂脚手架、特形脚手架等；按搭设位置可分为外脚手架、里脚手架；按脚手架所用的材料可分为竹、木、钢、铝合金脚手架。

装配式混凝土建筑施工过程中主要涉及工具式爬架（如图6-1附着升降脚手架）和悬挑式脚手架（图6-2）两种类型。

图 6-1　附着升降脚手架

图 6-2　悬挑式脚手架

6.2　工具式爬架

6.2.1　工具式爬架简介

爬架是高层建筑外架工程的成套施工设备，它只需搭设一定高度便可满足施工要求。它在每个提升点（机位）处设置了足够强度和刚度的竖向主框架，在架体底部设置了底部承力桁架，以承受和传递竖向和水平荷载，确保架体的整体性和安全性；它独创了导轨、导轮机构，有效地解决了防倾覆问题，保证了架体升降平稳。

桁架轨道式爬架主要由架体、升降承力结构、防倾防坠装置和动力控制系统四部分构成。结构简单合理、使用方便安全，且经济实用。架体部分的提升点处设置竖向主框架，竖向主框架底部与水平支承桁架相连；承力结构和防倾、防坠装置安全可靠，受力明确；动力控制系统采用电动葫芦，并固定在架体上同时升降，避免频繁摘挂，方便实用。

工具式爬架的工作原理是在建筑结构四周分布爬升机构，附着装置安装于结构剪力墙或能承受荷载的梁上，架体利用导轮组通过导轨攀附安装于附着装置外侧，提升葫芦通过提升挂座固定安装于导轨上，提升钢丝绳穿过提升滑轮组件连在提升葫芦挂钩上并吃力预紧，这样，可以实现架体依靠导轮组沿导轨的上下相对运动，从而实现导轨式爬架的升降运动。

6.2.2　工具式爬架的施工

1. 安装工艺流程

工具式爬架施工流程包括材料设备进场、搭设平台、安放底座、安装横梁、安装拉杆等，具体如图 6-3 所示。

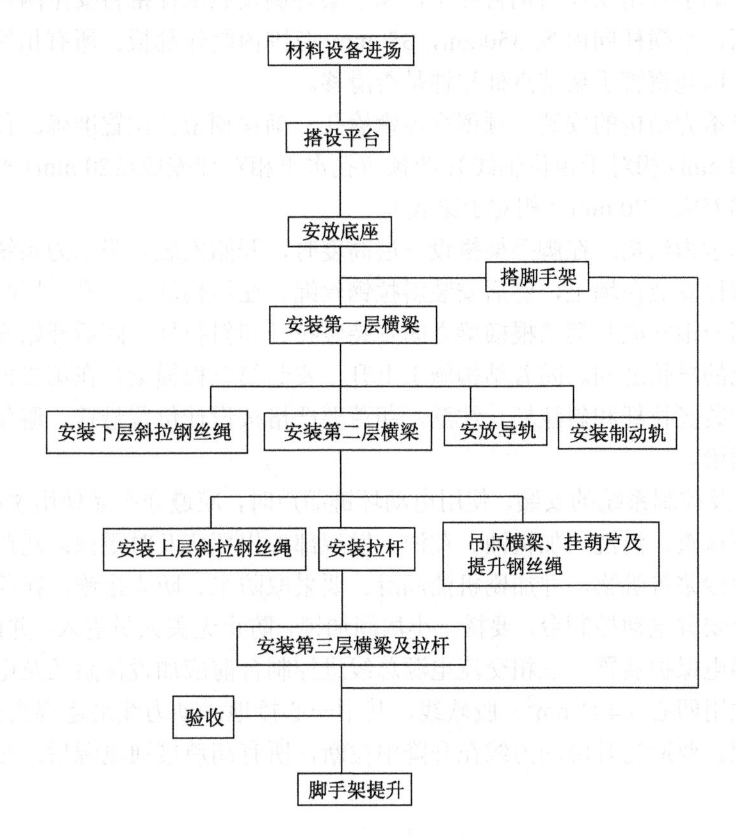

图 6-3　工具式爬架安装流程

2. 安装次序

（1）首先搭设组装平台，平台标高在 3 层顶板下方 900mm 处。在组装平台上组装爬架。要求组装平台距爬架外排立杆 300 mm，外沿设 1.5 m 高防护栏杆，稳固且能承受 $3kN/m^2$ 的均布荷载。

（2）将提升底座摆放在提升点处，在安装底座时，先复核附墙点处结构尺寸和爬架平面布置图是否相符。摆放底座时，把放制动轨的一端面向建筑物，不要摆反了；底座离墙距离宜从安装穿墙螺栓处直接量取，以避免差错。底座定位后，应与楼内支撑架或其他固定物拉结，防止移位。

（3）脚手架搭设。提升底座上插放 4 根立杆，要保持良好的垂直度，要随时检查内侧立杆离墙距离是否正确。基本尺寸及要求：①立杆纵距≤1.50m，大横杆步距 1.80m，架宽 0.9m；②相邻大横杆接头应布置在不同立杆纵距内；③最下一步大横杆和小横杆使用双排杆，以保证架体整体刚度；④相邻立杆接头不得在同一步架内。

脚手架每搭设两步，在窗洞处应与楼内支撑架或其他固定物拉结，确保脚手架稳定，脚手架外立面满搭剪刀撑。脚手架底层满铺脚手板，以上每隔两步架铺设一层，共铺设 4 道脚手板。脚手板用铁丝与钢管扎牢，脚手架外侧及底部挂密目安全网。底部要与墙面实现全封闭，小横杆向内挑 350mm，350mm 范围内制作翻板。所有扣件连接点处须涂白色油漆，以观察脚手架结点处扣件是否滑移。

（4）升降承力结构的安装。预留穿墙螺栓孔，确保预留孔位置准确。预留孔水平绝对偏差应≤20 mm（相对于定位轴线）；两预留孔水平相对偏差应≤20 mm（水平投影差）；预留孔垂直偏差应≤20 mm（相对于梁底）。

安装升降承力结构：在脚手架搭设一层高度时，开始安装升降承力系统。将第一根横梁用穿墙螺栓安装在墙上，然后安装斜拉钢丝绳。在结构施工上升一层时，安装第二根横梁。在第一根横梁与第二根横梁之间安装竖拉杆和斜拉杆。随后开始安装导轨，使其位于横梁上的导轮之间。随着结构施工上升，安装第三根横梁。在第二根横梁与第三根横梁之间安装竖拉杆和斜拉杆。注意，葫芦要严格按设计位置悬挂，避免脚手架升降时葫芦刮到横梁。

（5）动力及控制系统的安装。使用电动环链葫芦时，应遵守产品使用说明书的规定。葫芦使用前应检查、清洗，加机油、黄油，发现部件损坏应及时更换。葫芦环链须定期用钢丝刷刷净砂浆等脏物，并加刷机油润滑。要采取防水、防尘措施。在葫芦悬挂处的同层脚手架上安置电动控制台，要搭一小房间加锁，防止无关人员进入，并能遮风避雨。控制台应设漏电保护装置，三相交流电源总线进控制台前应加设保险丝及电源总闸。升降动力线必须用四心（$4\times1mm^2$）胶软线，其中一心接地；动力线沿途绑扎在钢管上时，须做绝缘处理。要避免升降动力线在升降中拉断，所有葫芦接通电源后，必须保持正反转一致。

3. 爬架升降措施

爬架升降流程如图 6-4 所示。

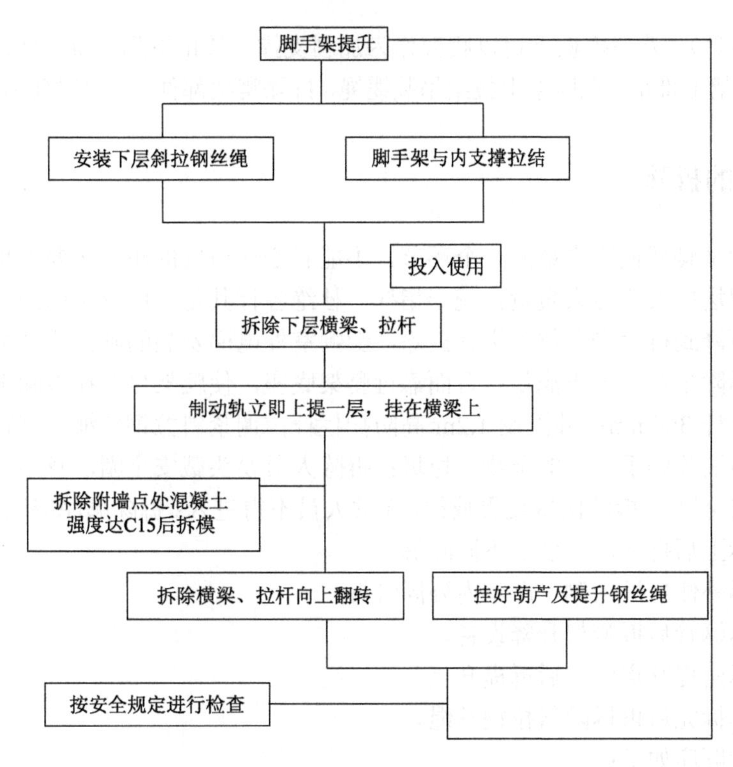

图6-4 爬架升降流程

将葫芦挂好并进行环链预紧，使各葫芦环链松紧程度一致。进行升降前的检查，并填写《爬架升降前检查记录表》。除操作人员外，其他人员不得在脚手架上滞留。建筑物周围20m内严禁站人，并设专人监护。松开斜拉钢丝绳，解除脚手架与建筑物之间的约束。各提升点要速度均匀，行程一致。要加强升降过程中的检查，主要内容有：

（1）升降是否同步。当相邻两点行程高度差大于50mm时，应停止升降，通过点控将架子调平。

（2）支架是否出现明显变形。若变形明显，应停止升降，找出原因，及时进行处理。

（3）检查葫芦运行是否正常，链条是否翻链、扭曲。

（4）是否有影响升降的障碍物（升降前检查时就应该排除掉）。

升降到位后，在底座处用ϕ48mm×3.5mm钢管顶住墙壁，然后紧固斜拉钢丝绳，恢复脚手架与建筑物之间的约束。进行升降后的检查，并填写《爬架升降后加固检查记录表》。

4. 爬架的使用

在爬架升降作业完毕，并填写《爬架升降后加固检查记录表》后方可使用。爬架允许有三个操作层同时作业，每层施工荷载不超过2kN/m^2。所有与爬架有关联的其他设施（如卸料平台等），在使用时应由建筑结构独立承担其引起的荷载，单独卸载。爬架不得施加集中荷载（如在爬架上集中摆放几台电焊机等），不得施加动荷载（如塔吊吊大模板时挂、撞爬架等)。外墙模板不得以爬架作为加固支撑。禁止下列违章作业:利用爬架吊运物品,在爬架上推车,在爬架上拉结吊装缆绳,拆除爬架部件,起吊时碰撞扯动脚手架。

6.2.3　爬架的拆除

爬架拆除是爬架使用中最后一个环节,不能有松一口气的想法,要思想上重视、管理上到位,现场应安排专人负责,统一指挥,杜绝各行其是。应分工明确,避免随心所欲。使爬架下降到拆除平台位置进行拆除,影响室外电梯安装的则需要高空拆除。

先搭设拆除平台,要求满足:台面靠近爬架底座,使爬架坐落在拆除平台上;外沿距爬架外排立杆 300mm;外沿设 1.2m 高防护栏杆;调紧斜拉钢丝绳,将脚手架连墙加固;在拆除前清除脚手架上的杂物、垃圾;拆除人员要头戴安全帽,身系安全带,同时现场要布设安全网, 拆除区域设警戒线,无关人员不得进入;拆除顺序应遵循以下原则:

(1)先拆上后拆下,严禁上下同时拆。

(2)先拆外侧后拆内侧,严禁内外同时拆。

(3)先拆钢管后拆爬架升降设备。

(4)先拆两提升点中间后拆提升点。

(5)架体拆完后再拆除斜拉钢丝绳。

一般拆除顺序如下:

第一步:拆第三节主框架高度范围内脚手板、安全网,拆横杆、立杆、剪刀撑后,拆除第三节主框架。

第二步:拆第二节主框架高度范围内脚手板、安全网,拆横杆、立杆、剪刀撑后,拆除第二节主框架;随后拆除最上一根横梁及与之相连的竖拉杆、斜拉杆、斜拉钢丝绳。

第三步:在水平支承框架上层里外侧、下层里外侧用通长钢管加固,为整体拆除起吊作准备。

第四步:松开水平支承框架与第一节主框架的连接螺栓,用塔吊整体吊至地面拆除。

第五步:拆除下层斜拉钢丝绳,将第一节主框架与底座用塔吊整体吊至地面拆除。

第六步:拆除最后两根横梁及与之相连的竖拉杆、斜拉杆。

6.2.4　质量保证措施

(1)确保穿墙螺栓预留孔埋件位置准确。

①预留孔水平绝对偏差应≤20 mm(相对于定位轴线);

②两预留孔水平相对偏差应≤20 mm(水平投影差);

③预留孔垂直偏差应≤20 mm(相对于梁底)。

(2)导轨(竖向主框架)垂直偏差不应大于 5‰,且不应大于 60mm。

(3)脚手架基本尺寸及注意事项:

①立杆纵距≤1.50m,大横杆步距 1.80m,架宽 0.9m;

②相邻大横杆接头应布置在不同立杆纵距内;

③相邻立杆接头不得在同一步架内；

④架体搭设完毕，试提升一层后，由总包方组织验收。

6.2.5 安全使用措施

在爬架使用过程中，应认真贯彻“安全第一，预防为主”的方针。

施工人员应遵守《建筑施工高处作业安全技术规范》（JGJ 80—2016）、《建筑安装工人安全技术操作规程》的有关规定。各工种人员应基本固定，并持证上岗；施工用电应符合《建筑现场临时用电安全技术规范（附条文说明）》（JGJ 46—2005）的要求；架体外侧用密目安全网围挡并兜过架体底部，底部还应加设小眼网，密目安全网和小眼网都应可靠固定在架体上。

物料平台应单独设置、单独升降，不得与爬架共用传力杆。爬架在 6 级及以上大风、下雨、下雪、浓雾天气及夜间禁止进行升降作业。落实安全检查工作，特别是升降前和升降后固架检查，认真进行检查记录。提升前钢丝绳预紧过程中，应避免引起过大超载。

升降作业过程中，必需统一指挥，分工明确，指令规范，并配备必要巡视人员；外架上不得进行施工作业，无关人员不得滞留在脚手架上；应防止电动葫芦发生翻链、铰链现象。穿墙螺栓的位置一定要准确，爬架升降时，应随时检查导轨是否过度挤压横梁或脱离导轮约束。升降到位后，脚手架必须及时固定，在没有完成固定工作和办理交接手续前，脚手架操作人员不得下班或交班。

在拆装时要随时检查构件焊缝状况、穿墙螺栓是否有裂纹及变形。滑轮、导轮及所有螺纹均应定期润滑，确保使用时运动自如，装拆方便。升降控制台应安排专人进行操作，禁止闲杂人员进入。在使用过程中，脚手架上的施工荷载需符合设计规定，严禁超载，严禁放置影响局部杆件安全的集中荷载。建筑垃圾应及时清理。爬架只能作为操作架，不能作为外模板的支模架。不得随意减少、移动、拆除爬架的零部件。

6.3 悬挑式脚手架

6.3.1 悬挑式脚手架简介

悬挑式脚手架因其具有节省材料的特点在工程建设运用较多。采用型钢材料作为悬挑梁的悬挑式脚手架，具有较好的稳定性、安全性，能满足施工安全生产需要。其工艺原理为：利用固定在主体结构梁板上的型钢制作的悬挑梁，并辅以悬挑梁斜拉钢丝绳稳定件作为钢管外架的承力构件，搭设钢管外架高度不超过 24m，并按一定数量设置拉结点，以分段搭设满足脚手架高度的要求。

6.3.2　悬挑式脚手架的施工

1. 悬挑式脚手架的分类

悬挑式脚手架分为两种类型，一种类型为搁置固定于主体结构层上的形式，如图 6-5 所示，采用这种形式时搁置加斜支撑或加上张拉与预埋件连接；另外一种为与主体结构面上的预埋件焊接形式，如图 6-6 所示。

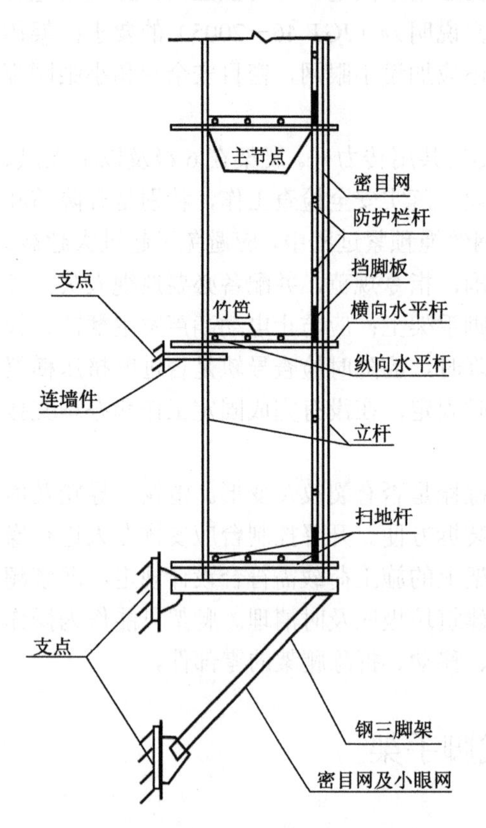

图 6-5　搁置固定于主体结构层上

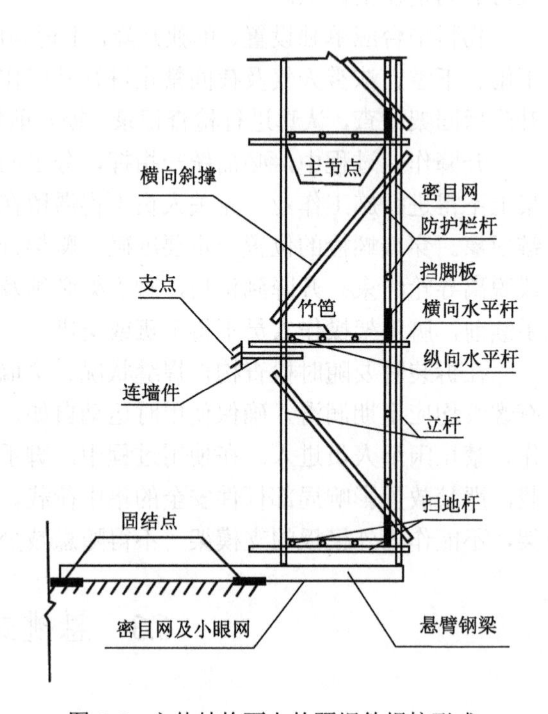

图 6-6　主体结构面上的预埋件焊接形式

2. 施工流程

（1）施工准备。检查临边预制构件的防护架安装位置，检查防护架的规格及附件材料，检查安装工具及安装防护措施。

（2）安装首层、二层临边预制构件的防护架体。包括脚手板、防护板、工具式安全防护架体挂栓等构件，确保架体单元结构连接安全可靠。

（3）校核工具式安全防护架体与预制构件单元的安装偏差，防止临边预制构件安装时防护架体的位置偏差。

（4）首层、二层的防护架体随本层构件安装至结构主体。

本层临边构件吊装完成后，检查本层的防护架体的整体密闭安全性，检查预制构件间水平位置的安全防护，检查阳台板、空调板、飘窗构件施工部位的安全防护，确保本层临边安全防护架的交圈闭合。

进行首层、二层结构主体安全防护体系的检查与验收。工具式防护架在搭设完毕后、正式使用前必须经过技术、安全、监理等单位的验收。未经验收或验收不合格的防护架不得使用。

三层主体结构施工的安全防护采用首层的安全防护架周转安装，四层主体结构施工的安全防护采用二层的安全防护架周转安装。本层结构安全防护整体完成后必须进行检查与验收。

结构主体施工完成后，拆除安全防护架。

悬挑式脚手架施工流程如图 6-7 所示。

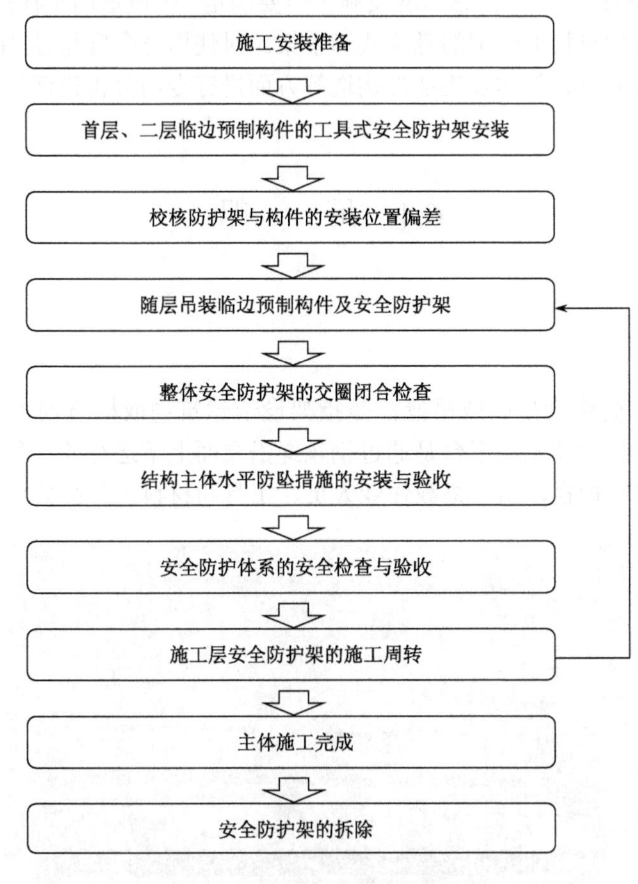

图 6-7　悬挑式脚手架施工流程

3. 悬挑架的施工要点

（1）挑梁型号规格。挑梁一般采用工字钢等型钢进行施工，根据挑梁设计承受荷载大小选用工字钢的型号规格。步高（步距）、步宽（立杆横向间距）、立杆纵向间距（跨）

等主要技术数据参考表 6-1。

表 6-1　悬挑式脚手架主要技术数据

立杆横距	立杆纵距	步高	每段脚手架高度	最大荷载	同时施工步数
0.9～1.1m	1.5～1.8m	1.8m 首步架高为 1.5m	≤24m	$2kN/m^2$	3

（2）连墙件竖向间距、水平间距。连墙件竖向间距不大于 2 倍步距，水平间距不大于 3 倍纵距，每根连墙件覆盖面积不大于 27 m^2。

（3）单挑高度。每道型钢支承架上部的脚手架高度不宜大于 24m。对每道型钢支承架上部的脚手架高度大于 24m 的悬挑式脚手架，应对风荷载取值、架体及连墙件构造等方面进行专门研究后作出相应的加强设计。

（4）总高度。根据主体结构总高度及施工需要确定。一般适用于在高度不大于 100m 的高层建筑或高耸构筑物上使用的悬挑式脚手架。对使用总高度超过 100m 的悬挑式脚手架，应对风荷载取值、架体及连墙件构造等方面进行专门分析论证后作出相应的加强设计。

6.4　吊　　船

6.4.1　吊船简介

吊船脚手架也简称为吊船或吊篮，是指架设于建筑物或构筑物上的悬挂机构，如图 6-8 所示。提升机驱动悬吊平台是通过钢丝绳沿立面上下运行的一种设计非常简单的悬挂设备；四周装有护栏，用于搭载作业人员、工具和材料进行高处作业。

图 6-8　吊船（或吊篮）

吊船是建筑工程高空作业的建筑机械，作用于幕墙安装、外墙清洗。吊船是一种能够替代传统脚手架，可减轻劳动强度，提高工作效率，并能够重复使用的新型高处作业设备。建筑吊船的使用已经逐渐成为一种趋势，在高层、多层建筑的外墙施工、幕墙安装、保温施工和维修清洗外墙等高空作业中得到广泛认可，同时可用于大型罐体、桥梁和大坝等工程的作业。使用吊船，可免搭脚手架，使施工成本降低，施工费用仅为传统脚手架的 28%，而且工作效率大幅提高。吊船操作灵活，容易移位，方便实用，安全可靠。

1）悬吊平台

悬吊平台是施工人员的工作场地，它由高低栏杆、篮底和提升机安装架等部分用螺栓连接组合而成。

2）提升机

提升机是悬吊平台的动力部件，采用电动爬升式结构。

提升机由电磁制动三相异步电机驱动，经涡轮蜗杆和一对齿轮减速后，带动钢丝绳输送机构使提升机沿着工作钢丝绳上下运动，从而带动悬吊平台上升或者下降。

3）安全锁

安全锁是悬吊平台的安全保护装置，当工作钢丝绳突然发生断裂或者悬吊平台倾斜到一定角度时，能自动快速地锁牢安全钢丝绳，保证悬吊平台不坠落或者不发生倾斜。

4）悬挂结构

悬挂结构是架设于建筑物上部，通过钢丝绳来悬吊悬挂平台的装置。

5）电气控制箱

电气控制箱是用来控制悬吊平台运动的部件，主要元件安装在一块绝缘板上，万能转向开关、电源指示灯、启动按钮和紧急停机按钮等装置安装于箱式门板上。

6.4.2　吊船施工

1. 吊船安装

吊船安装前必须检查吊船墩身预埋件如固定角钢支架用的 U 形螺栓、连接端栏杆的竖向圆钢和 U 形圆钢等部件的埋设情况，预埋件在平面及立面上的位置。在确定预埋件位置安装准确后进行吊船钢构件安装。

吊船吊运时，首先搭设吊装平台，利用吊车将支架或步板吊运至作业面，另一台吊车将施工人员吊运至支架安装部位。

吊船安装时，将支架与预埋 U 形螺栓用 ϕ20mm 双螺母加垫圈进行锚固，施工时支架与墩身缝隙、步板与步板间封心均无松动现象。支架安装完成后，按照设计要求将角钢与支架焊接，焊接完成后进行围栏与支架固定，栏杆应嵌入墩身 20cm。若未预留嵌入孔的墩身，利用冲击钻在嵌入点打孔，然后围栏端部伸入孔中并固定。当吊船的钢构件安装到位并通过质检员检查合格后，利用安装平台开始进行步板吊运。

2. 挑梁的搭设及移动

挑梁安装前应检查各焊接点是否有脱焊、裂口、变形现象及其具体位置，如存在这些问题需要进行补焊以达到设计要求。前梁伸出端悬伸长度额定调整范围为0.3～1.5m，挑出端应高于固定端 50～100mm，挑梁的连接螺栓要拧紧，挑梁上的背绳卡子不少于3 个，法兰螺栓要拧在适中位置，留有余地，背绳应拉紧，不得有松弛。吊船搭设在船台顶层，搭设的要求是螺栓及穿孔对应齐全，螺帽拧紧，吊船保险器连接牢固。放钢丝绳时，施工人员必须系安全带及使用有关劳保用品，承重钢丝绳及保险绳上的黄油必须清除干净。

电动葫芦穿绳步骤为：①将电机尾部“电气制动旋钮”逆时针方向旋转到底，直到“松开”位置，使电磁制动松开；②将承重钢丝绳尾部从电动葫芦上部的进绳孔中穿入；③顺时针方向缓缓摇动手柄，使钢丝绳由出绳孔导出；④将电机尾部“电气制动旋钮”顺时针方向旋转到底，使电磁制动吸合。

吊船安装好后，将保险器用螺栓同吊船连接牢固；把长手柄向外扳动，使夹紧机构松开；将钢丝绳从上方穿入保险器的夹钳；从下方穿出并通过导向块；在钢丝绳端部的适当位置加吊大约 5kg 的配重。以上程序完成后，吊船即可进行工作。在正常情况下，保险器随吊船升降，当吊船突然意外超速下滑时，保险器能自动锁紧钢丝绳，确保吊船安全。吊船在中途停留时，如需锁紧，只要将短手柄向箭头方向拨动即可。保险器锁紧后，吊船如需重新启动升降，只要向外扳动长手柄，夹紧机构即可松开。

3. 安全技术措施

吊船在使用过程中，严禁在三层以上上下人员及物料，以防坠人坠物。严禁交叉作业。工作吊船应有 2～3 名工人操作，可以相互配合。吊船内载荷应大致均匀，严禁超载。操作吊船人员必须经过专门培训、考试、发证，持证上岗，尤其应掌握应急措施。在施工人员发生变动的情况下，必须培训后上岗。上船人员必须系好安全带，当吊船上下运行及停在空中作业时，作业人员必须将安全带扣在自锁器上，自锁器扣在保险绳上。吊船操作人员应严格按照《电动吊篮技术交底兼安全操作规程》进行施工。

4. 季节性施工措施

在雨雪天气不施工时，需将吊船的提升机、电箱用无纺布包裹住，并在电缆和电控箱的各个承插接口处用防水胶布密封住，以便尽可能地防止雨水进入。使用前，必须打开各承插接口，通风晾干，以免发生电气事故。吊船内的操作人员必须穿防滑和绝缘电工鞋。雷雨天绝对禁止施工，并在雷雨到来之前彻底检查吊船的接地情况。6 级及以上大风天气里，必须将吊船下降到地面或施工面的最低点并固定好。

冬季施工应注意不可以将施工用水到处飞溅，以免结冰导致施工人员摔倒而出现事故。在冬季雾天施工时，应等大雾散去并在日照比较充足的情况下，才可以使用电动吊船，否则，容易出现钢丝绳打滑并可能发生设备事故。冬季施工人员必须穿防滑绝缘鞋，将棉衣和棉裤穿好并系好袖口裤脚。

5. 对工程的成品保护工作

安装悬臂机构同时做好成品保护工作，安装好的门窗及做好的防水层不得损坏，搬运配重及悬臂机构应轻拿轻放，前、后支架下垫木板，不得损坏防水层。对安装人员要做到技术安全交底。吊船要距墙面、挑梁及阳台挑板等 200mm 左右，以避免对墙体的碰撞。

6. 电动吊船技术交底兼安全操作规程

操作人员必须年满 18 周岁，无不适应高处作业的疾病和生理缺陷。酒后、过度疲劳、情绪异常者不许上岗。操作人员必须佩戴安全带、安全扣、安全帽，穿防滑鞋。进入吊船后必须马上将安全带上的自锁钩扣在单独悬挂于建筑物顶部牢固部位的保险绳上。操作人员必须经过上岗培训，作业时必须佩带附本人照片的操作证。必须按检验项目进行逐一检验，检验合格后方可上机操作。使用中应严格执行安全操作规程。上船操作人员不得低于 2 人。操作人员发现事故隐患或者不安全因素，必须停止使用吊船。对管理人员违章指挥，强令冒险作业，有权拒绝执行。

吊船运行时严禁超载，平台内载荷应大致均布。使用现场吊船与高压线、高压装置间应有足够的安全距离，一般不少于 5m。出现雷雨、大雪、大雾、6 级风（包括 6 级）以上天气时不得使用吊船。吊船不宜接触腐蚀气体及液体，在不得已的情况下，使用时应采取防腐蚀隔离措施。正常工作温度为：–20～+40℃，电动机外壳温度超过 65℃时，应暂停使用提升机。正常工作电压应保持在（380±5%）V 范围内，当现场电源电压低于 360V 时，应停止作业。

操作前应全面检查悬挂机构焊缝是否脱焊和漏焊，绳扣、螺栓是否齐全，应无松动现象。配重块数量是否足够，放置是否妥当。并有固定措施，防止滑落。悬挂机构两吊点间距应比悬挂平台两吊点间距大 5cm。

悬吊平台按使用所需长度拼装连接成一体，各部连接螺栓应紧固。各焊接点不脱焊和漏焊。禁止在悬吊平台内用梯子或其他装置取得较高工作高度。不得将电动吊船作为垂直运输和载人设备使用。工作平台倾斜时应及时调平，两端高差不宜超过 15cm。吊船上下运行过程中，吊船与墙面应相距 5cm 以上；遇到墙面凸出障碍物时，作业人员应用力推墙，使吊船避开。严禁对悬吊平台猛烈晃动、“荡秋千”等。必须经常检查电机、提升机运行时是否有异常噪声、过热和产生异味等异常现象。如有上述现象，应停止使用。检查提升机正常的方法：将平台提升至离地 1m 高，停止后应无滑降现象，手动松开制动装置应能匀速下降，其速度应小于 7m/min。

安全锁与提升架应可靠连接，无位移、开裂、脱焊等异常现象。安全锁在工作时应该是开启的，处于自动工作状态，无须人工操作。安全锁无损坏、卡死，动作灵活，锁绳可靠。空中开启安全锁，首先点动提升低侧吊船平台使安全锁打开。在安全绳受力时，切忌蛮力扳动，强行开锁。禁止安全锁锁闭后开动机器下降。禁止操作人员自行拆卸修理，安全锁必须加装绳坠铁。检查安全锁正常的方法：提升一侧电机，使吊船倾角大于 4°～8°。测试安全锁是否锁绳，若不能锁住则停用此吊船，必须更换安全锁方可使用。

限位装置应保证齐全、可靠。工作平台运行至极限开关后平台自动停止，此时应及时降低平台，使行程开关脱离限位块。检查限位正常的方法：在提升机工作的过程中，按动两端限位开关，平台应停止运行。

检查电缆线及各个连接插头、插座有无破损、漏电等现象，指示灯工作是否正常。按动各开关按钮，应无异常。各电气元件必须灵敏可靠。电缆线在吊船扶手处应采取抗拉保护措施。作业过程中应密切注意电缆是否被墙面挂住，若被挂住切不可硬拉，应上下活动吊船使电缆放松，排除后方可运行。当吊船下行离地面 50cm 时，应停下检查电缆线、钢丝绳是否有被吊船压着的可能，排除后方可降落地面。吊船停止使用时，必须将吊船控制箱电源开关拉闸，当收工时不但要关闭控制箱电源同时将电源总闸切断，使整根电缆线不带电。无论何种天气，收工时必须用防水布将电机、电箱严密包裹。上工前，应先将防水布摘下来叠放好，方可启动。随时注意电缆出现的破损情况，及时用绝缘胶布将破损处裹严，防止铜丝外露打火伤人。

必须严格按使用说明书的规定，钢丝绳穿绳正确，绳坠铁悬挂齐全。钢丝绳的报废应符合 GB/T 5972 的规定。操作过程中，随时注意防止异物卷进电机和安全锁孔内。特别注意钢丝绳上不得有砂浆、玻璃胶等杂物。

吊船移动方案必须由租赁单位专业技术人员操作。悬挂机构移动到新位置时，必须将垫木重新放置于加强绳立杆垂直点下方。垫木严禁使用砖石块代替。立杆下方垂直支点必须放在可靠的承重支撑点上。新位置的横梁与大墙夹角不得小于 45°。当悬挂机构在检修或移动时，必须在吊船上设置“严禁使用”警示标志以防事故发生。吊船移位后，必须通过建设单位、监理单位验收后方能投入使用。

思 考 题

1. 装配式脚手架工程定义及作用是什么？
2. 工具式爬架的施工流程是什么？
3. 悬挑式脚手架的施工流程及其施工要点是什么？
4. 什么是吊船？吊船的施工流程是什么？

第7章　装配式混凝土建筑安全施工与环境保护

安全管理是管理科学的一个重要分支，它是为实现安全目标而进行的有关决策、计划、组织和控制等方面的活动；主要运用现代安全管理原理、方法和手段，分析与研究各种不安全因素，从技术上、组织上和管理上采取有力的措施，解决和消除各种不安全因素，防止事故的发生。施工现场安全管理的内容，大体上可以归纳为安全组织管理、场地与设施管理、行为控制和安全技术管理四个方面，分别对生产中的人、物、环境的行为与状态，进行具体的管理和控制。

建筑业是我国“五大高危行业”之一，《安全生产许可证条例》规定建筑企业必须实行安全生产许可证制度。现阶段建筑行业施工伤亡事故类别主要是：①高处坠落；②坍塌；③物体打击；④机械伤害；⑤起重事故；⑥触电，常简称为“六大伤害”。装配式混凝土建筑施工作为新兴行业，其安全施工管理涉及设计中的安全度、混凝土预制构件的生产安全、装配式混凝土建筑现场施工安全等各个环节。因此，为降低“六大伤害”事故的发生率，需要整个工程项目在设计、施工和运营维护等阶段都能有效控制施工进度、施工质量，实现安全生产。

7.1　施工安全管理体系

装配式混凝土建筑的安全施工管理需要依据一些安全法令、规程、规范、标准和规章制度等来规范人们在施工活动中的行为，使得劳动保护工作有法可依、有章可循，同时，施工现场安全管理要将组织实施安全生产管理的组织机构、职责、做法、程序、过程和资源等要素有机构成一个整体，使得在预制混凝土结构施工过程中各个环节、各个要素的安全管理都做到有章可循，安全管理处在一个可控的体系中。一般施工现场安全管理体系包括以下几个方面：

（1）目标制定。在施工过程中要有可细化、可量化、可比较的目标，例如，职工人员教育率100%、隐患整改率100%、PC构件堆放倾覆率0、PC构件吊装碰撞率0、工伤人数0等。针对目标有目的地组织实施计划，最终的目标是生产安全“零事故”。

（2）组织机构与职责。建筑施工行业以安全生产责任制为核心，各个岗位均应建立健全安全生产责任制度。

（3）安全生产投入。为了确保施工安全而单独设立的专款专用。在施工过程中，安全生产投入可以用作安全培训及教育费；各种防护的费用；施工安全用电的费用；各类防护棚及其围栏的安全保护设施费用；个人防护用品，消防器材用品以及文明施工措施费等。

（4）安全管理制度。保证各个施工环节均符合相关法律、法规要求。识别、获取、更新与预制装配式相关的法律、法规，并按照相关要求制定管理制度、培训、实施、操作规程和考核管理办法。

（5）安全生产教育培训。首先要建立教育培训制度，确定教育培训计划，针对不同的教育培训对象或不同的时段，确定培训内容、流程和考核制度。

（6）生产设施设备。设备、设施是生产力的重要组成部分，要制定设施、检查、保养、维护、维修、检修、改造、报废等管理制度，制定安全设施、设施（包括检查、检测、防护、配备）、警示标识巡查、评价管理制度；制定设备、设施使用、操作安全手册。

（7）作业安全。作业安全管理是指控制和消除生产过程中的潜在风险，实现安全生产。PC施工过程中，包含危险区域动火作业、高处作业、起重吊装作业、临时用电作业、交叉作业等，是施工过程隐患排查、监督的重点。

（8）隐患排查与治理。事故隐患分为一般事故隐患和重大事故隐患。通过隐患和排查治理，不断堵塞管理漏洞，改善作业环境，规范作业人员的行为，保证设施设备系统的安全、可靠运行，实现安全生产的目的。

（9）重大危险源监控。重大危险源辨识依据：主要根据《危险化学品重大危险源辨识》（GB 18218—2018）和建筑工程《危险性较大的分部分项工程安全管理规定》（住建部）进行普查和辨识。针对重大危险源须建立危险源清单与台账，危险源档案，危险源监管、监控、检测记录及设施设置记录和位置分布图等。

（10）应急救援。应急管理是围绕突发事件展开的预防、处置、恢复等活动。对突发事件发生的原因和相关预防、处置措施进行彻底、系统的调查；对应急管理全过程进行全面的绩效评估，提高预防突发事件和应急处置的能力。

7.2　安全施工方案与施工程序

7.2.1　装配式混凝土建筑施工主要危险源

装配式混凝土建筑施工过程中的主要危险源来自材料堆放、材料运输、构件吊装、高空作业防护设施及构件支护措施、设备的安全使用等几方面，如表7-1所示。

表7-1　装配式混凝土建筑施工主要危险源

活动	危险源	可能导致的事故	备注
材料堆放	现场大型构件种类多，现场构件堆放不稳	坍塌、物体打击	现场管理控制
	需水平运输、垂直运输的构件多	机械伤害、交通安全	现场管理控制
吊装	构件多样，吊装稳定性和控制精度差发生碰撞	物体打击	现场管理控制
	预制吊点不适用	物体打击	前期规划与设计协调设置预埋件
临边防护	构件无预埋件，在不破坏结构情况下无法安装防护设施	高处坠落	前期规划与设计协调设置预埋件
	为方便预制构件吊装、安装时，作业面临边防护常有缺失	高处坠落	现场管理控制
	高处无防护，材料、机具易坠落	物体打击	现场管理控制
高处作业	现场脚手架少，高处作业时无安全带挂点	高处坠落	前期规划与设计协调设置预埋件

装配式建筑施工中，应根据建筑物的特点和《装配式混凝土建筑技术标准》（GB/T 51231—2016）等相关规范，制定相应施工组织细则。这里给出如下一些基本条款：

（1）装配式混凝土建筑施工应执行国家、地方、行业和企业的安全生产法规和规章制度，落实安全生产责任制。

（2）施工单位应对重大危险源有预见性，建立健全安全管理保障体系，制定安全专项方案，对危险性较大分部分项工程应经专家论证通过后方可进行施工。

（3）施工单位应对从事预制构件吊装作业及相关人员进行安全培训与交底，识别预制构件进场、卸车、存放、吊装、就位各环节的作业风险，并制定防控措施。

（4）安装作业开始前，应对安装作业区进行围护并做出明显的标识，拉警戒线，根据危险级别安排进行旁站式管理，制定相应的防护措施，对其进行全过程监督，严禁与安装作业无关的人员进入。

（5）施工作业使用的专用吊具、吊索、定型工具式支撑、支架等，应进行安全验算，使用中进行定期、不定期检查，确保其安全状态。

7.2.2　装配式混凝土建筑施工主要安全措施

1. 制定安全文明施工方案

在开始施工活动之前，制定安全文明施工方案。项目设置专职安全生产管理人员，负责对专项施工方案实施情况进行现场监督，对未按照专项施工方案施工的，应当要求立即整改，并及时报告项目负责人，项目负责人应当及时组织限期整改。具体安全施工方案应至少包含以下内容：

（1）起重吊装作业是装配式混凝土建筑安全生产的最大危险源，必须重点管控；对于质量较大的异形构件应采用专门的平衡吊具进行吊装；由于起重作业受风力影响较大，应设置不同高度范围内的风力传感设备，并制定不同构件吊装作业的风力受限范围。

（2）合理布置构件堆放场地、道路和建筑废弃物分类存放的位置。

（3）采用旁站式安全管理、新型工具式安全防护系统等先进管理措施。尽可能使用新型模板、标准化支撑体系等。

（4）施工管理人员须经过专项的安全培训，取得资格后方可从事与作业资格对应的工作，且施工作业人员须配置完整的安全防护装备。

（5）编制施工安全日志。

施工日志是整个施工阶段的施工组织管理、施工技术等有关施工活动和现场情况变化的真实的综合性记录，也是处理施工问题的备忘录和总结施工管理经验的基本素材。一份完整的施工日志应具体包括：

①基本内容：日期、天气、施工部位、出勤人数、机械设备情况。

②施工内容。

③检查内容。

④其他内容：设计变更、技术核定通知及执行情况；施工任务交底、技术交底、安

全技术交底情况；停电、停水、停工情况；冬雨季施工准备及措施执行情况；施工中涉及的特殊措施和施工方法、新技术、新材料的推广使用情况等。

2. 制定安全文明施工程序

参考香港地区工地安全文明施工程序，其装配式混凝土建筑的安全施工程序可分为每日施工安全程序、每周施工安全程序和每月施工安全程序。具体分别包括以下几个方面。

1）每日施工安全程序

（1）由项目经理或工地负责人主持安全工作简报，提醒工地人员安全注意事项，报备工地的危险区域及安全预防措施。

（2）开工前的安全检查，检查机械设备、装备及工器具，确保安全妥当。

（3）施工时，安排旁站和监督人员。

（4）设置安全巡查人员。

（5）当天收工前进行安全事宜的协调和检讨会议，沟通解决施工中所遇到的问题，保证下个工作日的顺利进行。

（6）收工前的清扫工作，保持工作环境的整洁，以提高工作效率。

2）每周施工安全程序

（1）每周安全巡查，由工地项目经理带领，理清承建商和各分包商的责任，加强各个工作单位之间的沟通和合作，尽量减少安全问题。

（2）每周设备机械检查，由机械设备操作人员带领，拟制检查清单，对机械、设备和设施进行检查，并进行维护和修理。

（3）每周安全协调会议，由项目经理或工地负责人主持，与会者为工人或分包商代表，开展安全施工协调会议，识别危险区域，协调下周的施工程序。

（4）每周全面清扫，为下周工作做准备，保持工地整洁秩序井然，减少因危险造成的意外。

3）每月施工安全程序

（1）每月安全大会，由项目经理主持，所有人均出席，检讨上月的安全表现，奖励安全表现出色的工人。

（2）每月巡查，由施工单位具有安全资质的技术人员进行机械、装备、工具的深入检查，确保设施和装备的安全使用状况。

（3）每月安全训练和安全会议安排。

7.3 主要施工环节的安全措施

7.3.1 构件运输与堆放安全措施

装配式混凝土建筑工地现场大型构件种类繁多，预制构件在运输与存放时应制定相应的运输及堆放方案，运输与堆放内容应包括运输时间、次序、存放场地、运输线路、固定要求、堆放支垫及成品保护措施等。

1. PC 构件运输安全方案

预制构件运输堆放应符合下列基本规定：

（1）当采用靠放架堆放或运输构件时，靠放架应具有足够的承载力和刚度，与地面倾斜角度宜大于 80°，墙板宜对称靠放且外饰面朝外，构件上部宜采用木垫块隔离；运输时构件应采取固定措施；

（2）当采用插放架直立堆放或运输构件时，宜采取直立运输方式，插放架应有足够的承载力和刚度，并应支垫稳固；

（3）采用叠层平放的方式堆放或运输构件时，应采取防止构件变形产生裂缝的措施。

运输时安全控制事项：为防止构件发生开裂、破损及变形，选择与构件匹配的运输车辆和台架；运输台架与车斗之间应放置缓冲材料；运输过程中为防止构件摇晃或移动，应用钢丝或夹具对构件进行充分固定；走运输计划中规定的运输道路，并在运输过程中安全驾驶，防止超速或急刹车现象。

装车时安全控制事项：梁、柱构件采用平放装车；墙、板构件宜采用立放装车；楼梯构件、阳台构件和各种半预制构件因形状和配筋不同，须分别考虑不同装车方式，并采取措施防止构件倒塌、散落及变形开裂，并考虑搬运到现场后的施工方便。

2. PC 构件堆放安全方案

预制构件运送到施工现场，首先要验收合格后方可入场堆放。所有的构件如果能够满足直接吊装的条件，应避免在现场堆放。预制构件的堆放有水平布置与站立布置两种形式。预制构件堆放时，不宜与地面直接接触，构件上应明显标示工程名称、生产日期、检查合格标志等。预制构件临时堆放场地须在吊车作业范围内，避免二次搬运，且堆放点最好在吊车一侧，避免在吊车盲区作业。构件临时存放区应与其他工种作业区之间设置隔离带或做成封闭式存放区，并设置警示牌及标识牌，保持与其他工种有一定安全作业距离，尽量避免吊装过程中影响其他工种正常工作。

预制构件存放受力状态与安装受力状态一致，避免由于存放不合理导致构件变形破坏。预制构件应分区存放，存放构件之间宜设宽度为 0.8～1.2m 的通道。构件立放时，要做地面硬化，宜配套设置支架，并做好固定措施，以保证构件与支架不发生倾覆。原则上，墙板类构件应采用站立堆放，叠合板、叠合梁、框架柱等构件应采用水平堆放。一般情况下各类预制构件存放应符合下列规定：

（1）对于墙、板构件，可采用竖立插放或靠放形式。当采用立放时，宜配套设置支架，并做好固定措施，以保证构件与支架不发生倾覆。场地允许条件下，可采用排架形式立放；立放的构件两端需固定在支架（靠放架或插放架）上，应保持垂直平衡状态，且支架应有足够的承载力和刚度，支垫要稳固。当采用靠放架时，靠放架应有足够的承载力和刚度，宜将相应靠放架连成整体。用靠放架堆放的墙板宜对称靠放、外饰面朝外，与竖向的倾斜角不宜大于 10°，构件上部宜采用木垫块隔离。当墙板水平放置时，不应超过 3 层，并于两端 0.2*L*～0.25*L*（*L* 为墙板长度）间垫上垫木。墙板宜升高离地存放，确保根部面饰、高低口构造、软质封条和墙体转角等保持质量不受损。对连接止水条、高低口、墙体转角等易损部位，应采用定型保护垫块或专用式附套件作加强保护。

（2）叠合板、叠合梁、框架柱等构件宜平放，并可采用叠放形式，以节约有限的现场放置点。预制柱水平堆放高度不超过 2 层，于两端 0.2*L*～0.25*L* 间垫上垫木；预制梁的水平堆放高度不超过 2 层，于两端 0.2*L*～0.25*L* 间垫上垫木；叠合板水平堆放的高度不可超过 4 片高，并于两端 0.2*L*～0.25*L* 间垫上垫木。构件叠放时应采取防止构件产生变形裂缝的措施，一定要注意防止垫木发生错位，每层构件间的垫木或垫块应在同一垂直线上，以免构件局部受剪破坏。垫木或垫块在构件下的位置与脱模、吊装时的起吊位置一致。预制构件的堆叠层数应根据构件与垫木或垫块的承载能力及稳定性确定，必要时应设置防止构件倾覆的支架。

（3）堆放预应力构件时，应根据构件起拱值的大小和堆放时间采取措施。

（4）阳台模组预制构件平放时，阳台面朝上，阳台底垫置混凝土垫块，但不允许相叠存放阳台模组预制构件。

（5）楼梯或异形构件若需堆置 2 层时，必须考虑支撑是否会不稳，且不可堆置过高。

7.3.2 起重吊装安全措施

装配式混凝土建筑施工过程中，起重作业一般包括两种：一种是与主体有关的预制混凝土构件和模板钢筋及临时构件的水平和垂直起重；另一种是设备管线、电线、设备机器及建设材料板类、楼板材料、砂浆、厨房配件等装修材料的水平和垂直起重。装配式混凝土建筑起重吊装作业的重点和难点是预制混凝土构件的吊装安装作业。施工过程中应严格执行管控措施，以安全作为第一考虑因素，发生异常无法立即处理时，应立即停止吊装工作，待障碍排除后方可继续执行工作。

1. 起重吊装设备安全使用程序

（1）装配式混凝土建筑的吊装工作极大依赖起重机械。起重机械是装配式混凝土建筑施工中的主要风险源之一。应遵守《塔式起重机安全规程》（GB 5144—2006）进行操作。塔式起重机的使用，需按照塔机型号做基础施工，安装完好后，进行专项验收，验收合格后方可使用。

（2）起重吊装设备每日运作之前需进行安全检查，包括的内容有：安全防护装置、吊钩、吊钩螺母及防松装置、钢丝绳和起升链条的磨损情况、吊索具情况、音响、照明、闭路电视情况，有无影响运行的障碍物等。每周要对施工现场的电缆、管道等电气情况进行检查和保养，包括螺栓有无松动、电器绝缘情况、油压系统与减速系统等。每半年一次定期对起吊设备进行维修保养。

（3）塔群之间的距离和高度要布置合理，保证不会发生碰撞，吊装预制构件时，起吊至地面约 50cm 处时要静停，检查构件状态且确认吊绳吊具安装连接无误后，方可继续起吊，起吊要求缓慢匀速，保证构件边缘不被碰着，吊装采用慢起、稳升、缓放的操作方式，系好缆风绳控制构件转动。

2. 配备吊运作业安全相关人员

使用塔式起重机的工人/操作员须受相关训练，具备足够经验，以及懂得吊运信号，并由一名具备至少 10 年操作同型号塔式起重机经验的人员监督，与起吊安装安全相关的施工人员包括：

（1）机械检验师，负责定期进行起重机械或起重装置的检验、测试、维修和保养。

（2）起重机操作人员，负责正确及安全地操作起重机，并能够利用手势或旗语和信号员沟通。

（3）吊索工，负责将重物或预制构件装上或卸下起重机械。吊索工应事先接受安全吊重训练，正确地选择及使用起重装置，与信号员沟通来指示起重机的安全移动。

3. 起重吊具的安全管理

起重吊具包括吊索、吊钩、吊环、螺栓等，其作用是将物件系紧或悬挂在起重机械上，所有起重设备须进行测试、检验合格及标示出安全操作负荷，在安全负荷下工作。吊索、吊具的使用应符合施工安装的安全规定，预制构件起吊时，吊点合力应与构件重心重合。预制混凝土构件的吊点是提前设计好的，根据预留吊点选择合适的吊具。各类吊具安全使用规定如下：

（1）缆吊索。缆吊索出现缆丝折断，孔眼、扭结、索股磨损超过 1/3，缆吊索直径改变等情况时，不得再使用；须进行定期检查，不可突然提升。如吊运时使用多于一条吊索，应注意吊索之间的角度。

（2）链吊索。链吊索由合金制造，如其中一节出现问题，就会影响整条链吊索的安全性，已损坏的链吊索可能会突然折断，不像缆吊索般容易察觉，因此吊运时，应尽量选用缆吊索。如遇以下情况，链吊索应弃用：不可使用普通链吊索进行吊重工作；不可超出安全操作负荷；不可打结或使用螺栓或其他工具缩短链吊索的长度；链吊索没有弹性，在吊运时应避免受到撞击，链吊索须定期检查。

（3）吊环。不可用普通螺栓代替原有的吊环；不应使用螺栓杆类型的吊环，因为吊物摆动时吊索可能令螺栓杆松脱。吊运时不可使钩环侧向一边。

（4）有眼螺栓。不可直接将吊钩扣在有眼螺栓上。普通的有眼螺栓只可用于垂直提升。项圈有眼螺栓的提升角度不可小于 45°。不可使用同一条吊索穿过两个有眼螺栓。

（5）吊钩。吊钩是吊运工序中不可缺少的起重装置。吊钩种类繁多，可配合不同的吊运用途。所有吊钩均应装上安全扣。吊运时，应保持吊钩垂直，如吊钩侧向一方可能会影响吊钩的安全操作负荷。

（6）吊梁。吊梁一般用于吊运较长的物件，吊运的重量须根据吊梁的重量计算确定。吊梁每个连接点均不可超出安全操作负荷。

4. 起重装置的色码安全管理制定

（1）使用色码制度标示起重装置已通过检查，保证起重装置的安全使用。

（2）所有起重装置都有安全负荷，须在安全负载下工作。

（3）吊索须附有护垫，以免轻易被吊物的锋利边缘损坏。其他起吊装置亦应采取一些保护措施，防止损坏。

（4）必须定期告知工人色码的资料。

5. 吊装作业一般安全控制事项

（1）起重区域内的地面须设置警告标志。

（2）塔式起重机操作员须持有塔式起重机操作员证书，并具备足够经验。

（3）须定期详细检查、检验及测试塔式起重机。

（4）必须备有塔式起重机操作员证明书和起重机核查表，方可进行起重操作。

（5）塔式起重机操作员必须能清楚接受信号员发出的信号。

（6）进行起重操作时，塔式起重机操作员必须能够透过闭路电视看到吊物。

（7）进行起重操作时，最好由信号员与塔式起重机操作员进行沟通。

（8）除手势或旗语外，利用对讲机或电话作为沟通工具是可取的。

（9）确保安全负荷自动显示器已安装妥当。

（10）确定安全的吊运路线。

（11）确保吊运路线内不会碰撞任何障碍物。

（12）避免在塔式起重机的吊运工作范围内相互重叠。

（13）吊运时应尽量以较慢的速度移动。

（14）经常留意吊臂的操作高度及吊钩的距离。

（15）当停止操作时，应将吊运车停放在最小的半径距离内，并将吊钩升至最高位置。

（16）台风天，应将吊臂转到背向台风方向并松开制动器让吊臂自由摆动。

（17）出现以下情况不得进行起重操作：超出安全起重负荷或吊物的重量不明；信号不清晰；吊运路线在建筑物或人的上方经过或超出工地界限；吊钩过度下降而碰到地面或吊运物；有人在吊物上；吊物以倾斜角度往上拉；吊物没有系紧；吊物由松脱部分组成；强风天不起吊。

7.4　高处作业安全管理措施

7.4.1　高处作业安全管理规定

1. 一般规定

（1）高处作业的安全技术措施应在施工方案中确定，并在施工前完成，最后经验收确认符合要求。

（2）装配式混凝土建筑工程外围防护应结合施工工艺专项设计，宜采用整体操作架、围挡式安全隔离、外挂式防护架。

（3）当建筑物周边搭设落地式或悬挑式脚手架时，应在构件深化设计时，细化附墙点或受力点的预留预埋位置；先防护后施工。

（4）外围防护设施应编制专项方案，包括搭设、安装、吊装和制作等，在预制构件深化设计时明确其预留预埋设置，保证与主体结构可靠连接；防护设施的安装拆除应由专业人员操作，经检验检测、验收合格后方可使用。

（5）整体操作架应由具备相应资质的队伍施工，安装完成后经检验检测、验收合格后方可投入使用。

（6）阳台、楼梯间、电梯井、卸料台、楼层临边防护及平面洞口等临边、洞口的防护应牢固、可靠，符合《建筑施工高处作业安全技术规范》（JGJ 80—2016）相关要求。

（7）现场吊篮的设计、施工应执行《建筑施工工具式脚手架安全技术规范》（JGJ 202—2010）的规定；吊篮的悬挂机构前支撑不宜支撑在悬挑构件和悬臂构件上。

2. 外防护架安全操作注意事项

（1）应提前确定外脚手架施工方案，并与设计及构件厂确定外墙预制构件预留孔位置，预留孔位置必须准确。

（2）防护架搭设时应先将三角桁架固定，再搭设钢管脚手架和水平安全网。三角桁架采用 2 根穿墙螺栓固定在外墙预留好的孔内。三角桁架间距不得大于 1.5m，架体每榀跨度不得大于 6m，脚手架自由端高度不得大于 6m。

（3）每榀脚手架之间及脚手架与墙面之间应用脚手板全封闭，立面挂密目安全网封闭。

（4）坠落高度基准面 2m 及以上进行临边作业时，应在临空侧设置防护栏杆，并应采用密目安全网或工具式挡板封闭。

（5）防护架体吊运到上层安装时，施工人员使用牵引绳将外架牵引至操作面上方，固定好后安装穿墙螺栓螺母上紧，穿墙螺栓加垫板并用双螺母紧固，螺栓伸出螺母不得少于 10mm。在固定装置未安装好之前不得将吊钩拆除或解除。

（6）提升和安装时，下方设置警戒区域，专人进行看守。

（7）必须经施工单位和监理单位共同验收合格后方可使用。

（8）禁止在防护架体上堆放材料。

（9）安装期间人员除挂钩和解除吊钩外，其他操作不出楼层。

（10）上层装配式墙体灌浆未达到设计强度时，不得安装和提升外架。

7.4.2　施工现场安全防护措施

1. 安全防护基本要求

（1）施工楼面叠合板外侧脚手架应设置高度不小于 1.2m 的防护栏杆，横杆不少于 2 道，间距不大于 600mm，立杆间距不大于 2m，挡脚板高度不小于 180mm，立挂密目安全网防护，并用专用绑扎绳与架体固定牢固，护栏上严禁搭设任何物品；作业层脚手板必须铺满、铺稳、铺实，距墙面间距不得大于 200mm，作业层操作面下方净空距离 3m 内，必须设置一道水平安全网。

（2）脚手架分段施工有高差时，端部必须设置高度不小于 1.2m 的防护栏杆，并立挂密目安全网。脚手架两榀之间缝隙不得大于 150mm，脚手架安装到位后，水平、竖向缝隙应防护加密。

（3）楼梯未安装正式防护栏杆前，必须设高度不小于 1.2m 的防护栏杆。为方便施工人上下楼梯，楼梯应设置工具式爬梯和定型平台，爬梯、定型平台应能随施工进度同步提升。

（4）在施工工程尚未安装栏板的阳台、无女儿墙的屋面周边、框架楼层周边、斜道两侧边，须设置高度不小于 1.2m 的防护栏杆，并立挂密目安全网。

（5）装配式混凝土建筑首层四周必须搭设 6m 宽双层水平安全网，双层网间距 500mm，网底距下方接触面不得小于 5m。首层平网以上每隔 10m 应支搭一道 3m 宽水平安全网，支搭的水平安全网直至无高处作业时方可拆除。

2. 洞口、临边安全防护

（1）钢管脚手架应用外径 48mm，壁厚 3～3.5mm，无严重锈蚀、弯曲、压扁或裂纹的钢管，钢、竹、木禁止混合使用。

（2）钢管脚手架的杆件连接必须使用合格的扣件，不得使用铅丝和其他材料绑扎。

（3）各种固定钢材（10mm 厚钢板， S10、S15、S16 螺栓）符合国家相关规定。

（4）立封网应用阻燃密目安全网。

（5）大眼安全网，6m（长）×3m（宽），网眼不得大于 10cm。必须用维纶，锦纶、尼龙等材料编织符合国家标准的安全网，每张安全网应能承受不小于 160kg 的冲击荷载。严禁使用损坏或腐朽的安全网。丙纶网、金属网禁止使用。

3. 楼梯安全防护

（1）楼梯踏步及休息平台处必须用 48mm 回转扣件拴绑两道防护栏杆。上步高度 0.6m，下步高度 0.6m。两端用回转扣件上牢在立杆上。

（2）钢管不得过长，应根据楼梯踏步长度设置，以使行人拐弯方便。

（3）防护栏杆必须牢固，不得有晃动，且必须随楼层增高而及时设置。

4. 阳台安全防护

（1）阳台栏板应随层安装，不能随层安装的必须设两道防护栏杆，并立挂阻燃密目网，封严拴牢。密目网封在防护栏杆内侧。

（2）防护栏杆分为两道，上一道高度为 1.2m，下一道高度为 0.6m。

（3）防护栏杆应与主体结构或预先设置的预埋件固定牢固。

（4）防护栏杆应刷红黄相间颜色。

5. 楼层临边防护

（1）楼层临边均在预制梁外侧预埋 S10 的螺栓，用 ϕ48mm 钢管围护，上下层用密目网封闭。

（2）各楼层四周必须拴绑不低于 1.2m 高的防护栏杆。

（3）防护栏杆分上下两道，上一道 1.2m 高，下一道 0.6m 高。加一道扫地杆，防护栏杆内侧用密目网封严拴牢。

（4）装配式混凝土建筑楼层临边防护立杆的固定需要在预制梁上预埋 ϕ60mm 钢管套筒，在吊装完成后将外围立杆插入套筒中，用大横杆连系，挂密目网形成防护体。

7.4.3　高空作业安全检查

装配式混凝土建筑工程施工现场往往脚手架较少，导致高处作业时缺少安全带挂点，因此施工过程中，为保证安全要时时进行高空作业安全检查，具体内容包括以下几个方面。

1. 棚架

（1）棚架的搭建由受过训练及具有足够经验的人在合资格人士的直接监督下进行。

（2）棚架是否有效稳固？

（3）棚架是否搭建在稳定地面或地基上？

（4）是否为使用棚架的人士提供安全进出途径？

（5）棚架由合资格人士在使用前及之后最少 14 天内检查一次。

2. 工作台

（1）工作台的木板、夹板或金属板是否结构良好及有足够厚度？

（2）工作台的木板、夹板或金属板是否紧密铺设？

（3）工作台的木板、夹板或金属板是否排列妥当并稳固？

（4）工作台上的物料是否平均分布、没有超荷？

（5）高于 2m 的工作台，是否每边均有适当围栏和踢脚板？

（6）工作台是否有足够宽度让行人及物料通过？

3. 楼梯边、电梯边、升降机槽口及楼面洞口

（1）高于 2m 的楼梯边、电梯边、升降机槽口或其他危险地方是否设有适当的围栏和踢脚板？

（2）围栏是否有足够强度及系稳在坚固楼面或平台上，以防止人员坠下？

（3）所有楼面洞口、地洞或其他危险地方是否设有适当构造的覆盖物，且稳固于正确位置上？

（4）覆盖物是否有清晰标示以显示其用途？

4. 防止人员坠落措施

（1）在不能搭建安全工作台的情况下，是否有提供适当的安全网、安全带或其他类似设备以防止人员坠伤的措施？

（2）所有安全网及安全带等是否有提供适当的稳固点，并均维修妥当？

5. 防止物料坠落措施

（1）是否采取所需的预防措施，以防止工人被坠下的物料击中？

（2）工作地点对应的位置是否已被围封以避免物料坠落？

（3）是否采取步骤与措施以防止棚架物料、工具或其他物料从高处坠下、倾倒？

（4）是否利用起重机械或起重装置，以安全的方式妥善地卸降棚架物料、工具？

6. 吊船（高空作业平台）

（1）吊船是否由专业工程设计、检验及测试确保能承载足够重量？

（2）吊船的搭建、更改或拆卸工程是否由受过训练及具足够经验人士在合资格人士的直接监督下进行？

（3）吊船是否由年满 18 岁受过专业培训及具足够经验并持有认可的吊船安全操作证明书的人员操作？

（4）吊船是否在使用前或最少每星期进行检查？

7.5 施工环境保护要求

装配式混凝土工程施工的环境保护重点在于施工现场道路、构件堆放场地等的现场清洁，施工过程中各种连接材料、构件安装临时支撑材料的使用和拆除回收等环节中。在每个环节，都应严格按照安全文明工地要求去执行，并做到以下规定：

（1）装配式混凝土工程项目开工前应制定施工环境保护计划，落实责任人员，并应组织实施。

（2）预制构件运输过程中，应保持车辆的整洁，防止对道路的污染，减少道路扬尘，施工现场出口应设置洗车池。

（3）在施工现场应加强对废水、污水的管理，现场应设置污水池和排水沟。废水、废弃涂料、胶料应统一处理，严禁未经过处理而直接排入下水管道。

（4）装配整体式混凝土结构施工中产生的胶黏剂、稀释剂等易燃、易爆化学制品的废弃物应及时收集送至指定存储器内，按规定回收，严禁未经处理随意丢弃和堆放（《装配式混凝土建筑技术标准》（GB/T 51231—2016）中 10.8.9 条款）。

（5）装配式建筑施工应选用绿色、环保材料。

（6）预制混凝土叠合夹心保温墙板和预制混凝土夹心保温外墙板内保温系统的材料，采用粘贴板块或喷涂工艺的保温材料，其组成材料应彼此相容，并应对人体和环境无害。

（7）应选用低噪声设备和性能完好的构件装配起吊机械进行施工，机械、设备应定期维护保养。

（8）构件吊装时，施工楼层与地面的联系不得选用扩音设备，应使用对讲机等低噪声器具或设备。

（9）在预制结构施工期间，应严格控制噪声和遵守国家标准《建筑施工场界环境噪声排放标准》（GB 12523—2011）的规定（《装配式混凝土建筑技术标准》（GB/T 51231—2016）中 10.8.8 条款）。

（10）预制构件夜间运输时要告知运输驾驶员禁止鸣笛。

（11）检查出的不合格构件不能在工地处理，要运回工厂处置。

思　考　题

1. 施工安全管理体系包含哪些内容？
2. 不同类预制构件存放应满足哪些要求？
3. 可以考虑的起吊安全措施有哪些？
4. 高空作业安全管理措施有哪些？

第 8 章　装配式混凝土建筑成本分析

8.1　装配式混凝土建筑成本构成及贡献因素

8.1.1　装配式混凝土建筑成本构成

装配式混凝土建筑的土建造价构成主要由直接费（以预制构件为主的材料费、运输费、人工费、机械费、安装费、措施费）、间接费、利润、规费和税金组成。与传统建筑土建方式一样，间接费和利润由施工企业掌握，规费和税金是固定费率。直接费中构件费用、运输费、安装费的比重最大。这些指标的高低对工程造价起决定性作用。装配式混凝土建筑安装部分造价构成如图 8-1 所示。

装配式混凝土建筑直接费的构成内容较传统现浇建筑有很大不同，由于生产方式的不同，两种方式直接费的高低直接影响造价成本的高低。装配式施工模式与现浇施工模式在直接费构成上存在的差别主要包括以下几个方面。

1. 预制构件费用

预制构件费用主要包括材料费、生产费（人工和水电消耗）、模具费、工厂推销费、预制构件厂利润、税金（指预制工厂按税法所需缴纳的税金，而非建安税金）等。这些费用在直接费中所占比例最大。

2. 运输费

运输费主要包括预制构件从工厂运输至工地的运费和施工场地内的二次搬运费。

3. 安装费

安装费主要包括预制构件垂直运输费、安装人工费、专用工具摊销等费用（含部分现场现浇施工的材料、人工、机械费用）。

4. 措施费

措施费主要包括临时堆场、脚手架、模板、临时支撑及防护等费用。

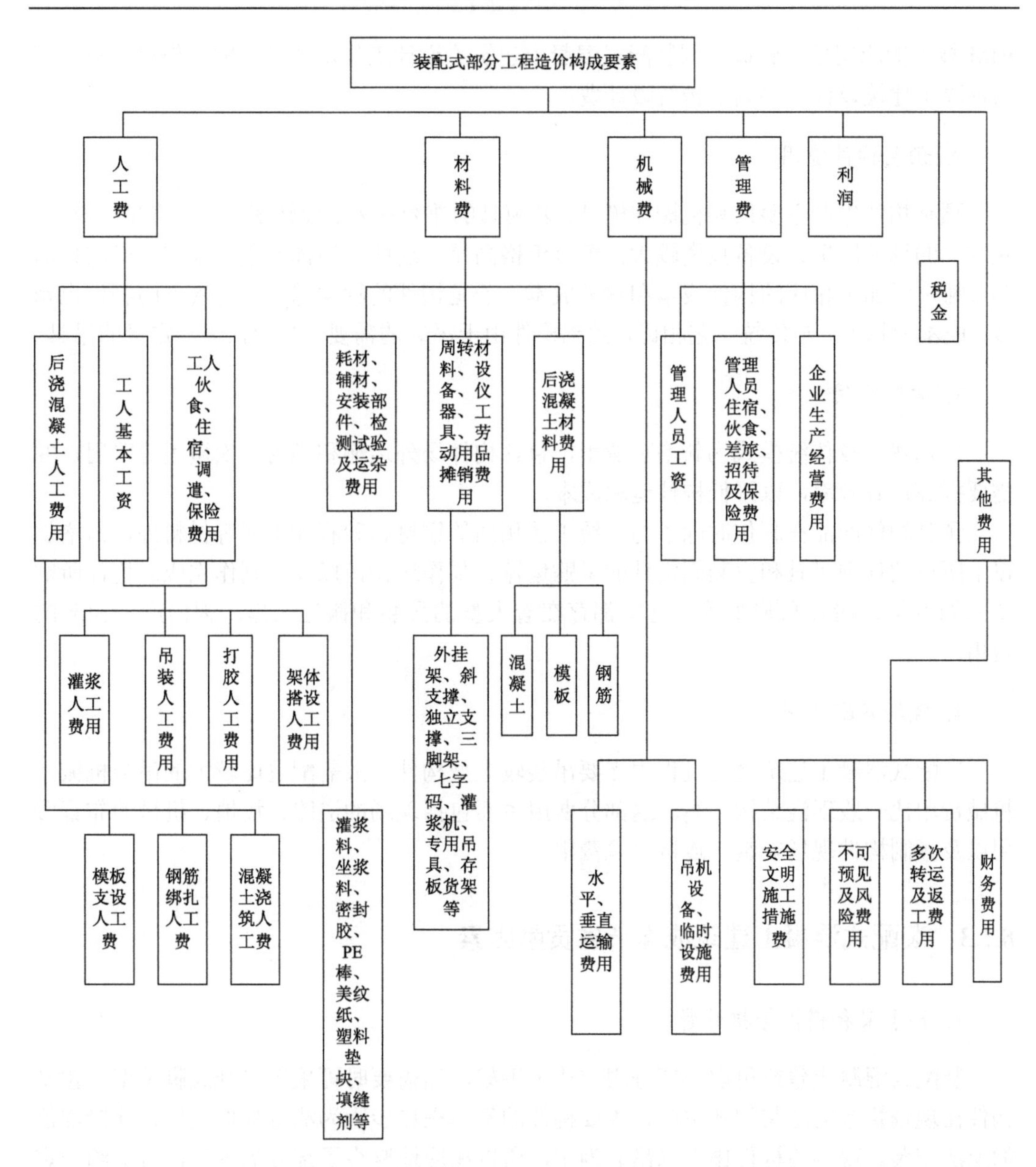

图 8-1　装配式混凝土建筑安装部分造价构成

8.1.2　装配式混凝土建筑成本增加贡献因素

1. 图纸设计费

设计图纸除充分表达本专业设计内容外，还需兼顾其他专业的内容。拆解图上要综合多个专业内容。例如在一个构件图上需要反映构件的模板、配筋以及埋件、门窗、保温构造、装饰面层、预留洞、水电管和元件、吊具等内容，包括每个构件的三视图和剖面图，必要时还要做出构件的三维立体图、整浇连接构造节点大样等图纸，对设计制图、

BIM 技术的应用要求较高。因装配式混凝土建筑给设计工作增加较多的工作量，故装配式混凝土建筑设计费要高于传统设计费。

2. 预制构件费用

预制构件生产主要依赖机械和模具，若模具的兼容性差、周转率低，都将提高成本。预制厂的场地厂房、设备投资较大，模具价格高昂，这些费用都要进行固定资产的折旧和分摊，增加了相应的构件成本和财务成本。若是构件的种类越多，其模具的制作也越多，成本就越大。与传统工艺相比，预制构件由于吊装的需要，必须预埋一定量的吊具。

3. 运输费用

运输费用较传统模式为新增加费用，包含构件场外运输和场内二次搬运等费用，并需要提高运载效率，以降低构件运输成本。

预制构件产品在制作时除了与传统工艺相同的钢材、砂石和水泥等材料外，需增加以上所述的顶埋吊具和安装固定件的采购运输、制作运输，以及在制作完成后构件所需要的如养护、储存和装车等，这些都存在着大量的吊装和搬运工作，因而产生相应的费用。

4. 现场装配费用

装配式混凝土建筑建造过程中需要吊装较大型构件，故需配置比较大的吊装机械，机械费用比一般现浇结构要高。这部分费用主要包括现场的道路、场地、机械的布置费用以及预制构件现场安装、连接浇筑费用。

8.1.3 装配式混凝土建筑成本节省贡献因素

1. 脚手架和模板等措施费用

装配式混凝土建筑可取消部分固定式脚手架，当需要时可采用自升式脚手架。预制构件在现场执行的是装配式生产，主要构件的基本操作步骤为测量构件定位、连接部位的现浇安装。现场的构件施工以吊装为主，所以相应地减少了部分脚手架，可节约一定的建造成本。从图 8-2 给出的装配式工程现场施工的场景可知，装配式工地相较传统工地大大减少了落地外墙脚手架的用量，转而用自升式脚手架。由于一些预制构件如叠合楼板、叠合梁、叠合柱不需要模板或兼做模板，所以施工中很少用到各种浇筑所用的模板，这样可以节约较大比例的脚手架和模板措施费。

2. 人工费

由于装配式混凝土建筑建造方式现场不需要很多建筑工人，可以节约大量人工费用。其次，装配式混凝土建筑中大量的构件已在工厂完成，且受季节和天气变化影响较小，现场施工的连续性相应地增加，其质量和进度也能得到较好的保证。而现场所做的大部分

(a)　(b)

(c)　(d)

图 8-2　装配式混凝土建筑施工现场

为装配式的安装工作，较传统工艺相比，除测量工、吊装工的工作量有所增加外，现场实际作业的工作量已大幅减少，无论是钢筋工、模板工、浇筑工，还是砌筑工、粉刷工以及水电工等，用工量均大为减少。同时施工速度也大大加快，所以人工费用大幅降低。

3. 材料损耗费

由于构件尺寸精准，可减少不必要的修补工作，且可取消部分找平层。现场的湿作业和粉刷工作大幅减少，同比例的材料跑冒滴漏量也相应地减少，相应的建筑垃圾的产生量也同比例下降，降低了材料损耗。

4. 装饰费用

由于预制构件工厂化生产，构造尺寸比较精确，可部分取消抹灰和找平层，既节约材料，同时又减轻建筑自重，节约了部分装饰费用。

5. 管理费用

相比传统工艺，大部分的结构分项工程在工厂里集成生产，该分包工程量减少，现场的用工量也相应减少，管理人员的水平要求提高，管理成本减少。

6. 环境成本

减少了现场混凝土浇筑和粉刷的量，降低了相应垃圾的产生，同时减少了混凝土车辆及相关设备的清洗。由于装配式的构件工业化生产改变了混凝土的养护方式，大量地减少了废水的产生。工业化作业的实施，优化了现场操作工艺，降低了施工噪声的产生及有害气体与粉尘的排放，降低了建设过程中的能源消耗，实现了绿色建筑施工，有利于生态环境保护。

8.2　装配式混凝土建筑成本影响

8.2.1　预制装配率对成本影响

装配式混凝土建筑工程都由装配式部分与现浇部分构成，即使是地上部分全部为装配式的高装配率结构，其基础也是现浇的。根据装配率的大小，讨论以下三种情况的装配式混凝土建筑施工与造价的构成。

（1）低装配率结构以现浇为主。少量地运用了预制构件，如只用了一部分叠合板、楼梯板等水平预制构件。在此情况下，装配式混凝土建筑与纯现浇混凝土建筑的预算成本差别不大。工程的施工成本与造价构成就是在现浇混凝土结构的基础上增加了小部分预制构件的采购成本，成本增量较小。

（2）中等装配率结构中现浇和装配式各占一定比例。 如剪力墙结构的基础、首层、转换层、顶层板是现浇结构，装配层的叠合板、叠合梁及叠合层和墙板之间的连接部位等的后浇混凝土是现浇结构，其他部分是预制结构。此种情况下，基础、首层、顶层楼板部分的预算按照传统现浇结构进行；装配式部分，包括预制构件拼装部分、后浇混凝土部分，均按装配式工程预算，目前阶段，该部分的成本会比传统部分略高一些。

（3）高装配率结构除了基础现浇，地上部分全部为装配式，这种情况下，整个工程的预算以装配式为主，现浇部分的工程预算按照相应的增减量进行计算。

针对装配式混凝土建筑，到底选取哪些构件进行预制比较合理？对这个问题不好一概而论，应该结合项目管理人员对装配式工法的理解，以及当地所具备的生产、安装条件、环保要求等来确定，既不能为了预制而预制，也不能有条件而不发挥该项技术的优势，应该综合各种因素来确定具体的建造方案。如果不能因地制宜地合理选择技术方案，在某些条件不成熟的情况下，盲目地追求预制率，这才是造成装配式建筑成本上升的真正原因。

8.2.2　装配式混凝土建筑的建设工期对成本的影响

1. 装配式混凝土建筑对于建设工期的影响

（1）提高了工程质量，减少相应的不必要的修缮和整改，从而缩短竣工验收时间。

若能打破目前对工程建设分段验收的桎梏，就能大大地缩短工程建设的周期，相应地也减少了管理成本。

（2）减少市场价格波动与政策调整引发的隐性成本增加。工程建设周期越长，市场价格波动与政策调整的不可预见性就越大，风险也就越大。

（3）降低交付的违约风险。建设工期的缩短提高了房屋如期交付的保证率，从而降低了违约风险。

（4）缩短工期将有效缓解财务成本的压力。现阶段建设单位的建筑安装成本控制已经做到相对健全，如何降低财务成本与管理费用将成为降本措施的关键突破口。

2. 建设工期对成本影响

现浇施工主体结构可做到 3～5d 一层，各专业不能和主体同时交叉施工，实际工期为 6d 左右一层，各层构件从下往上顺序串联式施工，主体封顶完成总工作量的 50%左右；现场装配式安装施工上可做到 1d 一层结构，同样 5～7d 完成一层，主体封顶即完成总工作量的 80%。另外因外墙装饰一体化，或采用吊篮做外墙涂料，后续进度不受影响，总工期可进一步缩短。

构件的安装以重型吊车和人工费用为主，因此安装的速度决定了安装的成本，比如预制剪力墙构件安装时，多采用套筒胶锚连接和螺箍小孔胶锚方式进行单片墙体连接，这种连接方式施工速度较慢，所需时间一般是预制双叠合墙、预制圆孔板剪力墙的 3～5 倍，因此安装费用也要高出好几倍。另外在装配施工时，可以通过分段流水的方法实现多工序同时工作，争取立体交叉施工，在结构拼装时同步进行下部各层的装修和安装工作。因此，提高施工安装的效率，可节省安装成本。

8.3　装配式混凝土建筑成本控制措施

1. 前期策划

根据建筑物不同的用途，应正确选择相应的结构类型，根据不同建筑物的结构类型，通过前期必要的调研，正确理解相应政策，从而控制成本的增加。

2. 优化设计

由于设计对最终的造价起决定作用，故项目在策划和方案设计阶段时，就应考虑到深化设计、构件生产、运输、安装施工环节的影响，合理确定建造方案。对需要预制的部分，应选择易生产、好安装的结构构造形式，根据对建筑构件的合理拆分，实行构件模块的标准化，以尽可能采用构件的统一模块化来减少相应构件的模块数量。同时合理设计预制构件与现浇连接之间的构造形式，以不断地优化来降低其连接处的施工难度。

3. 提高预制构件的预制率和重复率

在两种工法并存的情况下，预制率越低，施工成本越高，因此必须提高预制率，发挥重型吊车的使用效率，尽量避免水平构件现浇，减少满堂模板和脚手架的使用，外墙保温装饰一体化可节约成本并减少外脚手架费用，提高构件重复率可以减少模具种类，提高周转次数，降低成本。

4. 构件采购

根据深化设计图纸对构件提前发包，可使各层构件同时并联式生产，满足现场装配需求。同时，对预制厂所生产的预制构件、运输和固定资产分摊的费用清单正确进行分离，做到合理摊销，以控制预制构件的合理成本。

5. 以信息化为基础的科学管理

以信息化手段为基础对施工进行科学精细化管理，确保工程质量，严格控制建设施工进度。明确施工合同的各项奖惩制度，要求以信息化的形式了解工程的现在时，用BIM技术知晓工程的将来时，避免窝工、二次倒运等重复劳动增加成本费用。另外，根据装配式混凝土建筑施工的特点，对施工组织进行优化管理，精干管理团队，减少不必要的临时设施，降低管理成本和措施费用。

6. 结构装饰一体化

考虑外围护结构与装饰层一体化设计，在预制厂一同制作，如外墙面砖一体化、外墙石材一体化等，可提高施工效率，取消中间粉刷层，减少工人现场湿作业，降低施工建造费用。

思　考　题

1. 装配式混凝土建筑的工程造价的主要构成成分是什么？
2. 简述造成装配式混凝土建筑成本增加的主要因素是哪些。
3. 阐述可以从哪几方面缩减装配式混凝土建筑工程的建筑成本。
4. 可以采取哪些措施实现装配式混凝土建筑成本的控制管理？

第9章　装配式混凝土建筑质量通病预防措施

9.1　装配式混凝土建筑施工质量控制要点

9.1.1　预制构件进场检验

预制构件进场时应对合格证、构件长宽高尺寸、外观质量进行检查，及早发现预制构件外观质量问题。主要包含以下几个方面：

（1）预制构件进场检查合格证及构件上合格标识。

（2）中心线、螺栓、孔道、吊点位置检查，应沿纵、横两个方向量测，并取其中偏差较大值。

（3）结合面缺陷：结合面未设粗糙面，钢筋变形断裂，不该露筋的地方露筋，结合面存在孔洞（空洞）、蜂窝、疏松、夹渣、裂缝等，影响结构的性能或使用功能。

（4）构件连接处缺陷：构件连接处混凝土缺陷、连接钢筋连接件松动，影响结构的传力性能。

（5）外形缺陷及外表缺陷：构件表面麻面、掉皮、起砂、沾污等，缺棱角、棱角不直、翘曲不平、飞边凸肋等。

（6）预制构件表面是否存在偏差，检查内容包括：预制构件尺寸、表面平整度、侧向弯曲、翘曲、对角线差、挠度变形、预留孔洞、门窗口位置、预埋件、预留插筋、键槽等。

9.1.2　套筒灌浆施工控制要点

（1）采用专用灌浆料，浆液黏稠度拌制要均匀，应进行浆料流动性检测，然后才可以进行灌浆，并留置试块供后期质量检查。

（2）套筒灌浆作业结束后，应立即清洗灌浆泵，如果灌浆泵内残留的灌浆料浆液已超过30min（自制浆加水开始计算），不得继续使用，应废弃。

（3）灌浆要严格按照流程规范操作，要一次性连续灌注完成，保证灌满、密实，不留空洞和浮浆。

（4）现场存放灌浆料时需搭设专门的灌浆料储存仓库，仓库内搭设放置灌浆料的存放架，要求离地一定高度，要有防雨、通风措施，使灌浆料处于干燥、阴凉状态。

（5）预制墙板与现浇结构连接部分表面应清理干净，不得有浮灰、粘贴物、木屑以及油污等，构件周边封堵应严密，不漏浆。

9.1.3　楼梯施工质量控制要点

（1）预制楼梯段安装时要校对标高及预制段斜向长度，以避免预制楼梯段支座处接触不实或搭接长度不够而引起的支承不良。

（2）安装时应严格按设计要求安装楼梯与墙体连接件，安装后及时对楼梯孔洞处进行灌浆封堵，严禁干摆浮搁。

（3）安装休息板应注意标高及水平位置线的准确性。避免因抄平放线不准而导致休息板面与踏步板面接槎不齐。

9.1.4　预制构件吊装精度控制要点

（1）吊装质量的控制重点在于施工测量的精度控制方面。为达到构件整体拼装的严密性，避免因累积误差超过允许偏差值而使后续构件无法正常吊装就位等问题的出现，吊装前须对所有吊装控制线进行认真的复检，构件安装就位后须由项目部质检员会同监理工程师验收构件的安装精度。安装精度经验收签字通过后方可进行下一道工序施工。

（2）梁、柱、墙定位边线及支撑定位点在放线完成后及时进行标识。现场吊装完成后及时进行检查，标识完整，实测上墙。

（3）墙板吊装施工精度控制：

①吊装前对外墙分割线进行统筹分割，尽量将现浇结构的施工误差进行平差，防止预制构件因误差累积而无法进行。

②吊装前，在楼面板上根据定位轴线放出预制墙体定位边线及控制线，检查竖向连接钢筋，针对偏位钢筋用钢套管进行校正。

③吊装就位后应用靠尺核准墙体垂直度，调整斜向支撑、固定斜向支撑，最后才可摘钩。

（4）叠合板吊装施工精度控制：

①预制叠合板根据吊装计划按编号依次叠放。吊装按顺序依次进行，不宜间隔吊装。

②板底支撑不得大于 2m，每根支撑之间高差不得大于 2mm、标高差不得大于 3mm，悬挑板外端比内端支撑尽量调高 2mm。

③在预制板吊装结束后，根据叠合板规格和设计的线盒位置、管线走向，严格按照管网综合布置图，分段进行管线埋设及连接，叠合层仅有 8cm，叠合层中杜绝多层管线交错，最多只允许两根管线交叉在一起。

（5）吊装应按照安装综合施工设计图依次进行吊装，不宜间隔吊装。

9.2　地下防水工程质量通病预防措施

9.2.1　地下室底板开裂、渗漏预防措施

（1）底板混凝土要一次浇筑成型，不得中途停止浇筑以免出现冷缝，如底板面积过大需要分批次浇筑时，可按设计图纸要求利用后浇带作为施工缝。

（2）混凝土浇筑须连贯，混凝土间搭接必须在初凝前完成，以免产生冷缝。

（3）大体积混凝土在施工及养护过程中，须采用适当措施以防止出现温差裂缝。

（4）泵送大体积混凝土表面水泥浆较厚，故浇筑结束后须在初凝前用铁滚筒碾压数遍，并压实，防止混凝土表面出现收缩裂缝。

（5）可采用在后浇带处预留企口槽或采用预埋止水钢板和止水条的方法避免该处渗漏。

（6）底板混凝土浇筑前做好降水措施，地下水水位应降至板底以下 1000mm。

（7）底板外防水层应选用质量合格的防水材料，防水层接头的搭接长度及搭接方法应符合施工工艺的要求，底板施工时应做好外防水层的成品保护。

9.2.2　地下室外墙水平施工缝渗漏预防措施

（1）地下室外墙水平施工缝设置在距地下室底板的板面 300～500mm 之间。

（2）止水带端部应先用扁钢夹紧，再将扁钢与结构内的钢筋焊牢，使止水带固定牢靠、平直；止水带搭接应符合搭接长度要求，钢板止水带接头处应满焊，橡胶止水带接头处应将表面清刷并用锉刀打毛，再进行搭接处理；钢板止水带应朝迎水面安装。

（3）混凝土浇筑前，应将施工缝处杂物、松散混凝土浮浆及钢筋表面的铁锈等清理干净，在浇筑混凝土前浇水充分湿润施工缝处的混凝土，一般不宜少于 24h，残留在混凝土表面的积水应予清除，确保新旧混凝土接触良好；浇筑混凝土时，先在施工缝处浇筑一层 30～50mm 厚与混凝土成分相同的水泥砂浆后再浇筑混凝土。

9.2.3　地下室后浇带渗漏预防措施

（1）后浇带施工缝处未做企口也没有安装遇水膨胀止水条的，应粘贴外贴式止水带，止水带粘贴后，混凝土浇筑前，应避免雨水和其他水浸泡，浇筑混凝土时，湿模一段浇筑一段。

（2）后浇带两侧宜用木模封缝，尽量减少混凝土水泥浆流失，后浇带部位未施工之前应该做好防护措施，以免污水及杂物进入。

（3）浇筑混凝土前，应将后浇带两侧的接缝表面浮浆和杂物清除，然后铺设净浆或涂刷混凝土界面剂、水泥基渗透结晶型防水涂料等材料，再铺 30～50mm 厚 1∶1 水泥

砂浆，并应及时浇筑混凝土。

（4）采用掺膨胀剂的补偿收缩混凝土，膨胀剂掺量不宜大于 12%，泵送混凝土坍落度按 160～180mm 控制，水中养护 14d 后的限制膨胀率不应小于 0.015%，膨胀剂的掺量应根据不同部位的限制膨胀率设定值经试验确定。

（5）混凝土浇筑后应及时养护，养护时间不得少于 28d，拆模后，在迎水面做附加防水层和护墙。

9.3 模板工程质量通病预防措施

9.3.1 轴线偏位预防措施

（1）模板轴线放线后，要有专人进行技术复核，无误后才能支模。

（2）墙、柱模板根部和顶部必须设限位措施，如采用焊接钢件限位，以保证底部和顶部位置准确。

（3）支模时要拉水平、竖向通线，并设竖向总垂直度控制线，以保证模板水平、竖向位置准确。

（4）根据混凝土结构特点，对模板进行专门设计，以保证模板及其支架具有足够强度、刚度和稳定性。

（5）混凝土浇捣前，对模板轴线、支架、顶撑、螺栓进行认真检查、复核，然后进行振动捣实。

9.3.2 变形控制

（1）模板及支架系统设计时，应考虑其本身自重、施工荷载及混凝土浇捣时侧向压力和振捣时产生的荷载，以保证模板和支架有足够承载能力和刚度。

（2）梁底支撑间距离应能保证在混凝土自重和施工荷载作用下不变形。

（3）浇捣混凝土时，要均匀对称下料，控制浇灌高度，特别是门窗洞口模板两侧，既要保证混凝土振捣密实，又要防止过分振捣引起模板变形。

（4）梁、墙模板上部必须有临时撑头，以保证混凝土浇捣时，梁、墙上口宽度。

9.3.3 标高偏差控制

（1）每层楼设标高控制点，竖向模板根部须抹平。

（2）模板顶部设标高标记，严格按标记施工。

（3）楼梯踏步模板安装时应考虑装修层厚度。

（4）建筑楼层标高由首层±0.000 标高控制，严禁逐层向上引测，以防止累积误差，当建筑高度超过 30m 时，应另设标高控制线，每层标高测点应不少于 2 个，以便复核。

9.3.4　漏浆烂根预防措施

（1）浇筑混凝土时在墙根支设模板处分别用 4m 和 2m 刮杠刮平，并控制墙体两侧及柱四周板标高，标高偏差控制在 2mm 以内，并用铁抹子找平，支模时封口处加设海绵条，切忌将其伸入混凝土墙体位置内，加强混凝土浇筑过程中的振捣工作。

（2）在模板板面接缝处和梁侧模及底模交接处，采用贴海绵条措施解决漏浆问题。

9.3.5　阴阳角不垂直方正预防措施

（1）修理好模板角模，支撑时要控制其垂直偏差，并且角模内用顶固件加固，保证角模或阴阳角部位的模板的每个翼缘至少设有一个顶件，顶件使用钢筋或角铁时必须在两端刷防锈漆。

（2）保证拼模准确，角部夹具夹紧边框，在必要的位置做加强处理，使角部线条顺直，棱角分明。

9.4　钢筋工程质量通病预防措施

9.4.1　钢筋制作质量通病预防措施

1. 钢筋长度和弯曲角度不符合图纸要求

加强钢筋配料管理工作，预先确定各种形状钢筋下料长度调整值，配料时考虑周到；对于形状比较复杂的钢筋，如进行大批成型，最好先放出实样，并根据具体条件预先选择合适的操作参数（画线、板距等），以作示范。

2. 大直径钢筋端面不垂直

钢筋下料必须采用切断机下料，不得用气割下料，逐根检查钢筋端截面的垂直度。

3. 钢筋套筒缺陷

对制作人员进行培训，套筒质量稳定后才可正式上岗，对钢筋套筒成品进行严格质量检查与控制。

9.4.2　钢筋绑扎安装质量通病预防措施

1. 直螺纹接头漏丝

操作人员必须按规定的力矩值，用力矩扳手拧紧接头；连接完的接头立即做上标记，防止漏拧。

2. 钢筋骨架外形尺寸不准

绑扎时宜将多根钢筋端部对齐，防止绑扎时某号钢筋偏离规定位置及骨架扭曲变形。

3. 钢筋骨架斜向一方

绑扎时铁丝应绑成八字形，左右口绑扎发现箍筋遗漏、间距不对要及时调整好。

4. 柱钢筋骨架易晃动，整体倾斜

绑柱筋时，调整主筋间距、垂直度，与箍筋做八字形满绑。箍筋接头无错开放置，绑扎前先要检查；绑扎完成后再检查，有错误及时纠正。

5. 同截面钢筋接头超过规范规定

骨架未绑扎前要检查钢筋接头数量，如超出规范要求，要作调整才可绑扎成型。

6. 梁柱节点箍筋安装（数量、间距）不符合要求

梁柱节点内的箍筋应有可行的安装方案，施工时应进行安装技术交底并检查落实；采用沉梁法施工时，宜采用先导入钢筋笼，调整梁筋、保护层及标高，并将其固定在柱筋上，高度控制在梁的高度范围内。

9.5　混凝土工程质量通病预防措施

9.5.1　麻面、露筋、蜂窝预防措施

（1）麻面：清模，刷好脱模剂，模板用清水充分湿润，按操作规程振捣；确保混凝土保护层厚度；适当选用石子的最大粒径。

（2）露筋：优化混凝土配合比，规范运输；钢筋密集处用带刀片的振捣棒。

（3）蜂窝：正确掌握拆模时间；严格控制混凝土配合比，搞好计量；严格控制混凝土搅拌时间，振捣密实；分层下料，棒棒相接不漏振。

9.5.2　缝隙夹层等问题的预防措施

（1）缝隙夹层：经常观察模板，及时修整；严格执行施工缝处理措施。

（2）孔洞：严格分层下料，正确振捣，严防漏振。

（3）缺棱掉角：采用正确拆模方法，控制好拆模时间。

（4）板面不平整、轴线位移：

①梁用振捣棒，板用平板振捣器。

②混凝土达不到足够强度不能上人；应在混凝土上垫放脚手板，随浇、随退、随盖，测量时走脚手板。

③模板支设方案正确，操作过程要认真。

④位置线要弹准确，及时调整误差，以消除误差累积。

⑤防止振捣棒冲击门口模板，预埋件坚持门洞口两侧混凝土对称下料。

9.6 砌体工程质量通病预防措施

9.6.1 墙与梁板接合处开裂预防措施

（1）填充墙砌至接近梁、板底时，应预留 3/4 标准砖高度的空隙，待填充墙砌筑完成并至少间隔 7d 后，再将其补砌挤紧。

（2）隔墙和填充墙的顶面与上部结构接触处宜用侧砖或立砖斜砌挤紧。

（3）屋顶保温隔热层应及时施工。

（4）砌块与钢筋混凝土构件的接缝处可用 1∶1 水泥砂浆（内掺水重 20%的白乳胶）粘贴耐碱玻璃纤维网格布（或钢丝网），防止开裂。

9.6.2 墙体与混凝土柱（墙）拉结钢筋施工不当预防措施

（1）施工期应确定锚固钢筋的施工方法，根据砌块的模数确定拉结钢筋的位置，保证拉结钢筋埋设在灰缝中，并进行技术交底。

（2）施工处置可用三种方法：

①在柱模板安装的同时预埋拉结钢筋。

②柱混凝土浇筑完成后，填充墙砌筑前，根据拉结钢筋伸入墙体的位置，钻孔植筋，拉结钢筋伸入墙体内的锚固长度≥700mm。

③在柱混凝土浇筑前预埋铁件，柱模板拆除后填充墙砌筑前，焊接拉结钢筋。

（3）采用化学植筋施工法的，其设计使用年限应与整个被连接结构的设计使用年限一致，设计单位必须明确锚固力、埋设深度、原材料要求等，如设计没有提出要求则拉结筋植入深度应≥10d。

（4）对后植拉结筋应进行拉拔试验，确保锚固力满足设计要求。

9.6.3 两墙体交接处做法不当预防措施

（1）确定砌体工程深化设计施工图。

（2）加强施工管理人员的规范学习，严格按图纸施工。

（3）做好技术交底，检查落实施工隐蔽过程质量，及时纠正存在的问题。

9.6.4　灰缝不饱满防治措施

（1）改善砂浆和易性是确保灰缝砂浆饱满度的关键。

（2）当采用铺浆法砌筑时，必须控制铺灰长度，一般气温情况下不得超过750mm，当施工期间气温超过30℃时，不得超过500mm。

（3）砌筑方法宜采用“三一砌砖法”（即一块砖、一铲灰、一挤揉）。

（4）严禁采用干砖砌墙；砌筑前1～2d应将砖浇湿，灰砂砖和粉煤灰砖的含水率达8%～12%，烧结普通砖、多孔砖含水率宜为10%～15%；蒸压加气混凝土砌块施工时的含水率宜小于15%（对粉煤灰加气混凝土制品宜小于20%），一般控制在10%～15%为宜；普通混凝土、陶粒混凝土空心砌块含水率以5%～8%为宜，一般不需浇水砌筑。

（5）砌筑过程中，应注意检查竖向灰缝饱满度，不得出现透明缝、瞎缝和假缝。

9.6.5　砌体水平灰缝厚度不满足规范且不均匀防治措施

（1）砌筑前一天砖块要淋水湿润。

（2）立皮数杆砌筑，控制水平灰缝厚度。

（3）空心砖、轻骨料混凝土小型空心砌块的灰缝宜为8～12mm，蒸压加气混凝土砌块的水平灰缝厚度和竖向灰缝宽度分别宜为15mm和20mm。

9.6.6　构造柱与墙体接合处做法不符合规范防治措施

（1）构造柱两侧砖墙应砌成马牙槎并设置好拉结钢筋。

（2）马牙槎从柱脚开始应先退后进，落入构造柱内的地灰、砖渣杂物应及时清理干净。

（3）要先绑扎构造柱的钢筋后砌墙。

（4）砖墙砌筑时沿竖向每隔不大于500mm（根据砌块模数确定拉结钢筋位置，保证拉结钢筋埋设在灰缝中）设置2ϕ6mm拉结钢筋，钢筋两端应弯直钩伸入墙内且不小于700mm。

（5）构造柱应在砌筑后才进行浇筑，以加强墙体的整体稳定性。

9.6.7　墙身埋设线管（盒）开槽处出现裂缝防治措施

（1）开槽宜使用锯槽机，线管安装时应固定牢固。

（2）抹灰必须先填槽沟，后挂钢丝网（或粘贴耐碱玻璃纤维网格布），再抹底层砂浆。

（3）实心墙槽沟须填塞密实，保证墙槽砂浆与墙体的有效黏结。

（4）空心墙槽填塞时应分别向槽沟的两边填压，然后刮平，保证砂浆填满空心砖。

（5）水平槽填塞时须保证砂浆与墙槽上部的有效黏结。

（6）对已完成的装饰抹灰后开槽的，应在水泥砂浆中加入石灰膏，减少收缩量（因为已无法挂网）。

9.6.8　门窗洞口过梁长度不够引起墙体开裂防治措施

（1）图纸会审时应注意设计有无具体要求，如果没有应及时提出，并按规范要求给出具体门窗洞口过梁长度。

（2）过梁入墙长度不够时，应进行植筋或打入膨胀螺栓再焊接。

（3）宽 1m 及以下的门窗洞，采用钢筋砖过梁时，其入墙长度不宜小于 250mm，过梁入墙长度不够时，也应进行植筋或打入膨胀螺栓再焊接。

（4）钢筋砖过梁截面计算高度内（7 皮砖高）的砂浆强度不宜低于 M5。钢筋砖过梁的跨度不应超过 1.5m。钢筋砖过梁底部的模板，应在砂浆强度不低于设计强度 50%时，方可拆除。

（5）一般是二次结构砖墙砌筑时需要采用预制混凝土过梁。现浇混凝土过梁由于其施工工序复杂、质量不稳定、成本高、施工部位分散、湿作业，不利于现场文明施工。因此，目前现有填充墙施工中，多采用预制混凝土替代现浇混凝土过梁。

9.7　墙面装饰装修质量通病预防措施

9.7.1　墙面抹灰裂缝预防措施

抹灰前基层表面应认真清理干净；光滑的混凝土表面应凿毛或用界面剂处理，如有隔离剂残余，应用掺 10%火碱的水冲洗干净；在木基层与混凝土基层相接处应铺金属网后抹灰；抹灰前墙面应浇水，砖墙不少于两遍，吸水深度以 8～10mm 为宜；加气混凝土基层应提前两天浇水，吸水深度达 8～10mm，也可采取涂刷 1∶3（胶∶水）的胶水封闭的方法；混凝土墙体吸水率低，抹灰前浇水不宜过多，吸水深度为 2～3mm；墙体预埋件安装位置应正确；配合比应符合设计要求，砂的含泥量不得大于 5%。

9.7.2　墙体表面不平整防治措施

（1）基层不平者先修整，空洞处应修整到符合要求。

（2）基层应贴灰饼、冲筋、四边找方、找正，然后分层涂抹。抹灰时随时进行检查，不符合要求的应及时处理并调整。

9.7.3　护角不牢、阴阳角不正、不垂直预防措施

（1）室内墙面和柱面的阳角和门窗口的阳角宜用 1∶2（水泥∶砂）水泥砂浆做护角，

护角高度不应低于 2m，每侧边宽度不小于 50mm。

（2）阳角应根据灰饼的厚度分层抹灰，并应在阳角处粘好八字靠尺，用水泥砂浆抹平，初凝前再用捋角器捋压至光滑、平整、垂直。阴角应设置标筋，用靠尺垂吊找准垂直度，再用方尺找方正，抹灰后用捋角器捋压至光滑、平整、垂直。

9.7.4　饰面砖黏结不牢、空鼓及涂膜流坠预防措施

（1）认真清理基层并按规定洒水湿润，基层表面必须粗糙、湿润。

（2）饰面砖板应清扫干净，并按要求放入水中浸泡，面砖一般应在隔夜放入水中浸泡 2h 左右，经阴干后使用。

（3）砂浆配合比应符合设计要求。铺砌时饰面砖的砂浆应打满并轻击至四边溢出为止；在饰面板内灌注的砂浆必须分层振捣密实。

（4）当出现涂膜流坠时，控制涂料的工作度（施工黏度），每层施涂的厚度应合理；施工现场通风，控制基层平整度，施涂用力均匀，选用配套的稀释剂。

9.8　楼地面装饰装修质量通病预防措施

9.8.1　水泥地面起砂预防措施

（1）严格控制水泥的安定性，砂的含泥量不应大于 3%；严格控制水灰比，面层水泥砂浆的稠度不大于 5cm，使用时不得将水泥砂浆直接堆放在地上。

（2）水泥地面的压光不应少于三遍；第一遍应在面层铺设后随即进行，先用木抹子搓打抹压平整、密实；第二遍压光应在初凝后进行（即以上人时有轻微脚印但又不明显下陷最为合适）；第三遍压光应在终凝前完成（即以上人无明显脚印时为宜），主要消除抹痕和闭塞毛细孔，切忌在终凝后压光。

（3）水泥地面压光 1d 后应进行洒水养护，连续养护的时间不少于 7d。

（4）水泥地面面层的施工尽量安排在墙面、天棚的抹灰工程完成后进行，以避免对面层产生污染和破坏，严禁在水泥地面上拌和砂浆。

9.8.2　板块材地面铺设空鼓等问题的预防措施

板块材地面铺设容易出现空鼓、格缝不整齐、图案不规则、色泽不协调等问题，主要预防措施如下：

（1）施工前进行选材，将几何尺寸不合格、翘曲不平的板块剔除。

（2）铺设前将基层表面清理干净，洒水湿润，均匀涂刷素水泥浆；铺筑砂浆宜使用 1∶4～1∶3 干硬性砂浆，铺设厚度控制在 25～30mm。

（3）板块在铺设前，应将背面的浮土杂物清扫干净，用水湿润，并在表面无明水后

方可铺设。板块铺设 24h 后，应洒水养护 2 次。

（4）板块在铺设前应进行实地试拼，调整好花纹及颜色，并编号，以便铺设时对号入座，擦缝用的色浆必须与板块颜色相同，防止色泽不协调。

（5）加强成品保护，砂浆强度达到 1～1.2MPa 时方可上人。

9.8.3　有水房间地面倒泛水预防措施

（1）地漏应低于排水表面，呈喇叭口形；地面与排水管接口接合处应严密平顺。

（2）地面坡度应平顺并朝向地漏，坡度必须满足排出液体要求，确保地面不倒泛水和不积水。厕浴间地面应比走廊及其他地面要低 20～30mm。

9.8.4　立管四周渗漏预防措施

（1）套管或立管周边应设置止水片，再用微膨胀细石混凝土填塞严密。

（2）管周边的泛水高度应符合设计要求，且用沥青麻丝捆扎牢固。

（3）应准确预留或用钻具钻孔，严禁用大锤打孔。

（4）套管与管的环隙应用防水油膏等密封材料填塞。

（5）套管周边应做与套管同高度的细石混凝土防水护墩。

思　考　题

1. 装配式混凝土建筑施工质量控制要点是什么？
2. 装配式混凝土建筑施工过程中主要质量通病有哪些？

第10章　装配式混凝土建筑施工信息化管理

建筑业信息化是现代建筑业发展的核心要素。随着信息技术的发展，数字化建造技术正以前所未有之势推动建筑行业发生巨大的转变，使建设效率和管理绩效得到改善和提高。信息系统在建筑行业从职能化管理向流程化管理模式的转变过程中承担了重要的信息传递和固化流程的任务。基于BIM技术的信息化管理平台成为管理创新的驱动力。

随着信息技术的快速发展，数字化建造技术在建筑行业中应用越来越广泛。目前信息技术在建筑设计、结构计算、工程施工和设施维护等领域的应用正在不断深化与快速推广，有效提高了建设工程管理效率。

建筑信息模型（building information model，BIM）是一种数字信息应用技术，是以建筑工程项目的各相关数据作为基础建立起来的多维模型信息集成技术。该技术可以使建设项目的所有参与方（包括政府主管部门、业主、设计、施工、监理、造价、运营管理和项目用户等）在项目从概念产生到完全拆除的整个生命周期内都能够在模型中操作信息和在信息中操作模型，从而改变了从业人员单纯依靠符号文字、图纸进行项目建设和运营管理的工作方式，实现了在建设项目整个生命周期过程中的信息化、数字化。BIM是一种建筑信息模型，是建筑学、工程学及土木工程的新工具。它既包括建筑物全生命周期的信息模型，同时又包括建筑工程管理的行为模型，它将两者完美地结合来实现集成管理，它的出现是建筑学、工程学与结构工程领域的一次革命。

BIM技术作为建筑业信息化的重要组成部分，具有三维可视化、数据结构化、工作协同化等特点优势，给建筑行业发展带来了强大的推动力，有利于推动绿色建设，优化绿色施工方案，优化项目管理，提高工程质量，降低成本和安全风险，提升工程项目的管理效益。BIM给建筑这个行业带来了革命性，甚至是颠覆性的改变，一方面，BIM技术的普及将彻底改变整个行业信息不对称所带来的各种根深蒂固的弊病，用更高程度的数字化整合优化了全产业链，实现工厂化生产、精细化管理的现代产业模式；另一方面，BIM在整个施工过程中的全面应用或施工过程的全面信息化，有助于形成真正高素质的劳动力队伍。

BIM使施工协调管理更为方便、快捷。信息数据共享、四维施工模拟、施工远程的监控，BIM在项目参与者之间建立了信息交流平台，尤其在一些特大工程建设中，其结构复杂、系统庞大、功能众多，各施工单位之间的协调管理显得尤为重要。有了BIM这样一个信息交流的平台，可以使业主、设计院、顾问公司、施工总承包、专业分包、材料供应商等众多单位在同一个平台上实现数据共享，使沟通更为方便、协作更为紧密、管理更为有效。

协同管理是BIM的核心。施工企业资源计划（enterprise resource planning, ERP）系统的应用就是为了实现协同。传统的ERP系统是规定各项工作的流程，解决信息传递的速度，而信息的准确度取决于信息的发起者，后面的执行人很难去审核信息是否正确。基于 BIM 的协同就能解决这一问题，所有信息都在项目的模型里面，审核人能非常快速地调取想要的信息，从而对计划做具体的判断和审查，真正做到每个环节的人都起到审核的作用，最大限度地减小了某一流程、某一事件发生错误的概率，从而提高效益。

BIM 作为建筑全生命周期管理的有效工具，将为我们提供良好的管理平台。利用 BIM 这一先进的信息创建、管理和共享技术，设计、采购、施工管理等各个团队的表达沟通、讨论、决策会更加便捷；项目的所有成员从早期就开始进行持续协作，各方不局限于仅关心自己的本职工作，而是都能因为项目的成功而获得更高的利益，创造更大的利润，从而达到技术和经济指标双赢的状态。据 Autodesk 公司的统计，利用 BIM 技术可改善项目产出和团队合作 79%，三维可视化更便于沟通，提高企业竞争力 66%，减少 50%～70%的信息请求，缩短 5%～10%的施工周期，减少 20%～25%的各专业协调时间。BIM 的工程管理模式是工程模式，是创建信息、管理信息、共享信息的数字化方式，是建筑行业数字化管理的发展趋势，它对于整个建筑行业来说，必将产生更加深远的影响。

10.1　概　述

BIM 技术的提出始于 20 世纪末的美国。近年来，BIM 技术的应用在欧美及日本等国家迅速发展。据统计，美国建筑 300 强企业中 80%以上应用了 BIM 技术，而且欧美国家相继出台了国家的 BIM 技术实施标准。我国的 BIM 技术应用还处于起步阶段，2006～2008 年建筑业开始关注 BIM 概念，2009～2012 年设计类 BIM 软件开始在国内推行，一些地标建筑项目开始尝试 BIM 的基础应用，2013 年以后 BIM 的应用从设计阶段逐步向建筑的施工阶段转移，越来越多的建筑工程中开始应用 BIM 技术，取得了良好的成果。可以预见，BIM 技术在未来会得到更加广阔的应用。

BIM 技术作为建筑信息化建设的重要措施和必然趋势，被认为是引领建筑信息技术走向更高层次的技术。在建筑工程中的应用，解决了混凝土结构加工制作的深化，专业之间碰撞检查及管线综合设计、施工方案模拟验证和复杂节点验算演示等多项问题，提高了工程质量和效率，降低了成本，减少了费用，实现了绿色环保施工，所产生的经济效益和社会效益将是显著的。

10.1.1　基于 BIM 的施工管理的主要特征及应用价值

当前，设计方的 BIM 应用已相对成熟，作为建设项目生命周期中至关重要的施工阶段，BIM 的运用将为施工企业的生产带来深远的影响。基于 BIM 的施工管理的主要特征可归纳为以下两点。

1. 建筑数据管理信息化和项目管理信息化

工程项目开始后会产生海量的工程数据，这些数据获取的及时性和准确性直接影响到各单位、各班组及技术人员的协调水平和项目的精细化管理水平。现实中工程管理人员对于工程基础数据的获取能力差，使得采购计划不准确，限额领料难执行，短周期的多方面的计算数据对比无法实现，过程数据难以控制。当前工程的大部分资料保存在纸质媒介上或者以零散资料文件的形式保存在电脑中，由于工程项目的资料种类繁多，保存难度大，加之应用周期过长，工程项目从开始到竣工后大量的施工依据不易追溯。特别是变更单、签证单、技术核定单、工程联系单等重要资料的遗失，将对工程建设各方责、权、利的确定与合同的履行造成重要影响。

引入BIM模型后，将各种工程资料包括信息、进度、质量、资源、资金等及时汇总至BIM模型后，可便捷查询各类工程信息，结合虚拟施工的情况，进行工程的进度控制和质量管理。根据具体需求对施工 BIM 模型进行资源分析后，管理者可按消耗量制定采购计划，实行限额领料，调整资金计划，以精细化的管理来控制项目的施工成本。

2. 数据共享、协同管理

由于建筑工程往往涉及多个参与方，包含人员、机械、材料以及设备等多方面的管理，工程建造活动能否顺利进行，很大程度上取决于参与各方之间信息交流的效率和有效性。工程项目的管理决策者获取工程数据的及时性和准确性会严重影响各方管理者对项目管理的统筹能力。工程项目全周期一般由策划、设计、施工和运营等阶段构成，传统管理模式按照全生命周期的不同阶段来划分，不同阶段的管理是分割的。上游的决策往往不能充分考虑下游的需求，而下游的反馈又不能及时传达给上游，使各参与方的经验和知识难以有效集成、不同阶段产生的大量资料和信息难以得到及时地传递和沟通。各工种、各生产线、各部门协同作业往往是凭借经验进行布局管理，各方的共享与真正的合作难以实现。这些问题加大了项目控制难度，造成工程工期拖延，成本增加，浪费严重，工程质量得不到保证。这在大型工程建设过程中尤为突出。

基于BIM平台的数据共享，为提高工作效率、降低工作成本起到了关键作用。最简单的例子，在建模的同时，各类构件就被赋予了尺寸、型号、材料等参数，并经过BIM可视化设计的环境反复验证和修改，模型导出的数据可以直接应用。以往，施工决算都是拿着图纸测量，现在有了BIM模型以后，数据完全自动生成，做决算、预算的准确性大大提高了。在现场施工过程中，可以运用BIM导出预制构件的数据信息，极大程度地减少预制构件的现场测量工作量。

通过在统一的BIM模型搭建的协同工作平台，建筑全生命周期过程中实时准确地共享信息，实现各阶段、各参与方和各专业的协同工作，可以提高项目全生命周期的管理水平，保证项目的质量和收益。设计方创建相应精度的BIM模型，综合碰撞检测并调整后，施工方参照模型施工，可以减少返工与变更，控制进度，降低合同履行的风险。工程交付后，BIM 模型还能为设备维护、能源监管等提供支持，有效控制项目的运维成本。

基于BIM的建筑工程施工多主体协同主要表现在以下几个方面。

1）施工与设计的协同

在设计、施工总承包模式下，各单位和部门在同一个集策划、设计、施工和运营一体化的BIM模型中工作。多个工种在同一模型中工作，可以实时地进行不同专业间以及各专业内部间的碰撞检测，及时纠正设计中的问题；施工单位在施工图设计阶段就可以介入项目，与设计单位共同商讨施工图是否符合施工工艺和施工流程的要求等问题，提出设计初步方案的变更建议，然后设计方做出变更，从而优化设计。因此，施工阶段依据 BIM 指导下的完整、统一的设计方案进行施工，能够避免诸多工程接口冲突，减少施工变更及返工问题。

2）施工环节之间不同工种的协同

BIM 模型能够支撑从深化设计到构件预制，再到现场安装的信息传递，实现构件设计、预制构件、加工、预安装的一体化管理。

（1）多维模拟施工，实现施工可视化和施工管理精细化。

与传统的二维图纸技术相比，BIM 技术可以达到 3D，甚至 4D、5D 模拟施工，将施工阶段三大要素（质量、进度、成本）充分体现到模型中，达到施工模拟可视化，优化施工协调配合。基于 BIM 的虚拟建造可以对施工方案进行模拟，包括 5D 施工模拟和重点部位的可建性模拟等。在不消耗实物的情况下，通过反复地施工过程模拟，在虚拟环境下发现施工过程可能存在的问题，并针对问题对计划进行调整和修改，进而优化施工方案，从而保证项目施工的顺利进行，提高工作效率。

进度计划与控制是施工组织设计的核心内容。通过合理安排施工顺序，在人力、物力和财力消耗最少的情况下，按规定工期完成拟建工程施工任务。基于 BIM 的 4D 施工，以形象的 3D 模型作为建设项目的信息载体，方便建设项目各阶段、各专业及相关人员之间的沟通交流，实时分享施工管理相关信息，并在此基础上合理安排施工顺序和相关人员、物资、机械设备的调配，保障资源分配的合理化。在施工过程中，还可将 BIM 与数码设备相结合，实现数字化的监控模式，更有效地管理施工现场，监控施工质量，使现场管理人员不用花费大量的时间进行现场的巡视监控，腾出更多的精力用于对现场实际情况的提前预控和对重要部位、关键产品的严格把关等准备工作，从而提高工作效率。

工程造价控制是工程施工阶段的核心指标之一。基于 BIM 5D（3D+成本+进度）的全过程造价管理，可实现工程建设全过程造价管理 BIM 化。

（2）实现绿色环保的施工理念。

伴随着经济的不断发展，建筑的快速发展给环境带来了严重的威胁。因此，充分提高我们的绿色环保意识，加强建筑工程事业与绿色环保概念的结合，用最新的环保理念来做好建筑工程的施工管理，促进建筑业健康稳定绿色的发展，走可持续发展的道路是必然趋势。

绿色环保施工主要体现在以大量的科学技术投入，特别是先进技术的投入，减少施工过程中资源的浪费和成本。BIM 是信息技术在建筑中的应用，赋予建筑“绿色生命”。推进整个行业向绿色方向行进。以 BIM 技术为手段在施工阶段的绿色环保施工主要包括节地、节材、节能管理。

BIM 结合 GIS（地理信息系统），对现场及模拟的空间建筑物空间数据进行建模分析，结合场地条件和特点，做出最理想的现场规划和交通流量及线路。BIM 的 4D 模拟施工技术可以在施工阶段合理制定施工计划、精确掌握施工进度，随着施工进度的变化可以调整施工用地、材料加工区和场地，优化使用施工资源，科学合理地进行场地布置。在节水方面，BIM 技术可以对施工用水过程和施工现场情况进行模拟，编制详细的施工现场临时用水方案。在节约材料方面，通过 BIM 5D 技术，合理安排材料采购，材料循环利用，减少建筑垃圾量，安装工程预留、预埋、管线路径的优化等。更为合理地满足设计要求，结合施工模拟达到节约材料的目的。在绿色理念的指导下结合 BIM 和 GIS 技术，能够充分保证施工的质量，有利于新技术的开发利用，实现安全顺利施工，有效保护生态环境。

BIM 技术强大的技术支撑和施工组织管理能力，使施工企业应用 BIM 成为必然趋势，BIM 技术深入到施工企业的各个方面，为施工企业提供了一个良好的信息共享和技术协作平台，使得参与项目建设的各方协同管理，大幅提升工作效率。当前 BIM 技术可以给施工单位创造更多的价值。

10.1.2　BIM 技术的应用现状及发展趋势

在《美国建筑行业协调能力研究报告（2007）》中，美国学者对影响 BIM 技术使用的影响因数进行了研究，认为 BIM 技术的运用可以将业主与设计、施工等各方的沟通效率提高 47%，提供降低建设成本的机会比例为 43%，改进工程成本的概预算比例为 38%，提供缩短工期的机会比例为 37%，BIM 工具的碰撞检查能力比例为 33%，工程现场更加安全的比例为 19%，这些都体现出 BIM 技术在施工中的运用起到了举足轻重的作用。

建筑信息化是提高建筑企业经营管理水平和核心竞争力，也是提高建筑品质、实现绿色建筑的主要手段和工具。作为建筑信息化的核心内容，BIM 在施工领域的应用尚处于初级阶段，其应用主要在以下三个方面：

（1）施工投标：包括 3D 施工工况展示、4D 方案演示和虚拟建造。

（2）施工管理和施工工艺改进：包括设计审查和深化设计；4D 虚拟建造，工程可建性模拟；可视化条件下技术讨论和简单协同；施工方案演示和简单优化；工程量自动计算；消除现场工艺冲突；施工场地布置和管理；支持预制加工生产。部分施工单位建立了基本的 BIM 应用团队，初级应用不需要大量的投入和软件的研发，可基于 BIM 模型利用现有的成熟软件和工具，采用 BIM 建模软件和设计软件本身的功能和特性，集中深化设计和可视化管理。此类型应用已初见成效，并在进一步扩大工程应用数量。

（3）支撑项目管理高级应用的研究和尝试：包括 4D 计划管理和进度监控；施工方案验证和优化；施工资源管理和协调；施工预算和成本核算；质量、安全管理；绿色施工技术；总承包管理协同工作平台等。这一块主要是围绕 BIM 模型和各类信息进行深入的信息处理和应用决策，达到相应的施工管理和施工技术决策功能。因高级应用需专业的软件，甚至需专业的设备支持，因此应用极其有限，即使有应用也是与高校或 BIM 研究机构合作进行应用开发和研究试用，投入较大且效果有限。在此过程中施工单位获得的更多的是尚不能广泛推广应用的技术成果，或企业技术品牌的提高，直接提高施工管理效率和技术工艺水平还有待进一步研究。施工企业需要组成 BIM 团队，与高校、软件企业或研究机构合作，开展 BIM 应用的研究，开发相应的软件，在此基础上做好专业的应用和集成管理应用。

10.1.3　BIM 技术应用的难点及不足

关于 BIM 技术在施工管理中应用的影响因素可概括为以下几个方面：

（1）政府宣传和引导力度；BIM 人才缺乏，员工摒弃旧的思维习惯、工作流程，学习软件的时间较长。

（2）BIM 应用标准和过程指南；BIM 软硬件初始投资高，投资收益不明确。

（3）目前的 BIM 软件以建模软件、设计软件居多，技术方面相对成熟；而应用于施工阶段的软件极少，特别是深入施工管理和技术工作细节的软件更少，且大部分尚处于研究过程或试用阶段，大大限制了施工应用和推广。

从 BIM 技术在建筑施工中应用实际情况可以看出，单纯的 BIM 应用较少，更多的是将 BIM 技术与其他专业技术、通用信息技术、管理系统等集成应用以发挥更大的综合价值。BIM 应用特点包括五个方面：一是多阶段应用，即从聚焦设计阶段应用向施工阶段深化应用延伸；二是集成化应用，即从单业务应用向多业务集成应用转变；三是多角度应用，从单纯技术应用向与项目管理集成应用转化；四是协同化应用，即从单机应用向基于网络的多方协同应用转变；五是普及化应用，即从标志性项目应用向一般项目应用延伸。

10.2　基于 BIM 的装配式混凝土建筑施工管理

BIM技术在装配式混凝土建筑施工管理中的应用主要包括三个部分：施工场地管理、5D 动态成本控制和可视化技术交底。

（1）施工场地管理。基于 BIM 的施工场地管理即在施工前通过计算机虚拟施工场地布置，模拟主要施工机械的施工过程，在满足塔吊吊运范围覆盖整个施工面的同时，尽量减少起重臂交叉；模拟主要材料场地布置，减少甚至避免二次搬运。

（2）5D 动态成本控制。基于 BIM 的 5D 动态施工成本控制即在 3D 模型的基础上加上时间和成本形成 5D 的建筑信息模型，通过虚拟施工看现场的材料堆放、工程进度、资金投入量是否合理，及时发现实际施工过程中存在的问题，实时调整资源、资金投入，优化工期、费用目标，形成最优的建筑模型，从而指导下一步施工。

在该系统中，首先，需建立 BIM 模型，并在 BIM 模型中输入和项目有关的所有信息，主要包括构配件的基本信息（如名称、规格和型号、供应商）；其次，在三维模型的各个构件上加上时间参数和成本计划，形成 BIM 5D 模型；最后，利用计算机依据附加的时间和成本参数进行 BIM 的 5D 虚拟施工展示，通过虚拟建造，可以检查进度、成本计划是否合理，各种逻辑关系是否准确，及时发现施工过程中可能出现的各种问题和风险，并针对出现的问题对进度、成本计划进行修改和调整，进而优化 BIM 模型，调整进度和成本计划，将优化完成的模型进行虚拟建造，如果进行虚拟施工后没有发现问题，则可以指导实施。

此外，利用 BIM 技术可以很好地处理施工过程中的各种变更。当施工过程中的设计发生变更时，利用BIM将变更关联到模型中，同时反映出工程量以及造价的变更，使决策者更清楚设计的变更对造价的影响，及时调整资金筹措并投入计划。

（3）可视化技术交底。可视化交底即在各工序施工前，利用BIM技术虚拟展示各施工工艺，尤其对新技术、新工艺以及复杂节点进行全尺寸三维展示，有效减少因人的主观因素造成的错误理解，使交底更直观、更容易理解，使各部门之间的沟通更加高效。

10.2.1　BIM应用的前期准备工作

在一个施工项目中引入BIM技术，需要在应用前根据项目的特点和情况，确定BIM的应用目标、范围，约定模型标准，建立合适的BIM模型，构建BIM组织构架。表10-1为某建设项目的BIM目标案例。

表10-1　某建设项目的BIM目标

序号	BIM目标	BIM应用
1	控制、审查设计进度	设计协调管理
2	评估变更带来的成本变化	工程量统计、成本分析
3	施工进度控制	建立4D模型
4	规划施工方案	施工模拟
5	施工方案优化	
6	绿色施工理念	能耗分析，节地、节水分析，环境评价
7	……	

BIM的精髓在于“协同”，根据建设项目的特点和要求选择合适的软件构建BIM信息整合交互平台，选择合适的协同方式，从而实现各阶段数据信息共享和决策判断。

模型是最基础的媒介，所有的操作和应用都是通过模型实现的。一般情况下，模型应该由设计单位进行构建，在此模型基础上进行规划设计、建筑设计和结构设计；施工阶段，施工单位在此模型基础上，优化施工方案，4D施工进度控制等，完成施工过程中的信息添加，运维阶段所需信息的添加，并作为竣工资料的一部分，将该模型提交给业主；业主或运维单位在该模型的基础上制定运维计划和管理方案。但是由于现实存在的各种原因，更多的情况是施工单位自行建模。即便如此，需要事先约定BIM建模规则和操作标准，并以执行手册的形式确定下来，建模过程中严格执行。模型的质量决定BIM应用的优劣，模型的构建严格遵循一致性、合理性和准确性的原则。

10.2.2　基于BIM进行虚拟施工

施工管理阶段BIM的应用主要是通过梳理设计阶段信息，并输入到施工模型；通过施工难点分析、施工方案的比选，初拟施工方案；并通过复杂难点优化、施工构件优化、施工安全优化，引入绿色施工理念，实现施工方案的优化。这些都是通过虚拟施工实现的。

基于 BIM 的虚拟施工是实际建造过程在计算机上的模拟仿真实现，发现在实际建造过程中可能出现的问题，以便采取合适的方法解决这些问题，可以在不消耗现实材料和能源的基础上，了解施工的详细过程和结果，避免不必要的返工所带来的损失。包括预制件的虚拟拼装和施工方案模拟与进度管理。

1. 构件虚拟拼装

1）混凝土构件的虚拟拼装

在预制构件生产完成后，其相关的实际数据需要反馈到 BIM 模型中，并在出厂前对预制构件进行虚拟拼装。检查生产预制构件的过程中导致的偏差是否影响拼装，如果安装精度在允许范围内，预制件可以出厂进行现场安装，否则，需要重新加工或报废。

2）幕墙工程的虚拟拼装

建筑幕墙是建筑物不承重的外墙护围，由面板（玻璃、金属板、石板、陶瓷板等）和后面的支撑结构（铝横梁立柱、钢结构、玻璃肋等）组成。单元式幕墙是层面与支撑框架在工厂制作成的完整幕墙结构，直接安装在主体结构上。其优点包括：

（1）单元式幕墙的高度为楼层的高度，可直接挂在楼层的预埋件上，安装方便；

（2）单元板块工厂内加工，有利于质量的检查，幕墙的质量得以提高；

（3）幕墙预埋件即加工尺寸要求精度高，大大提高了型材的利用率等成本控制；

（4）可大大缩短现场施工工期。在这方面除了单元板块工厂化带来的现场工作量减少的因素外，另一方面可利用 BIM 进行现场施工模拟，有效地组织现场施工工作，提高效率和工程质量。

3）机电设备工程的虚拟拼装

机电安装在施工管理中存在的难题主要在于机电管线深化设计复杂，二维设计非常容易出现管线打架现象，在传统施工方式下返工的概率非常大，且分散的二维图纸修改麻烦，若出现设计变更，需要大量的修改，工作量非常大，造成人力、财力浪费，还会延误工期。另外，机电安装的施工管理困境还包括：项目施工进度难以监控，材料管理难以有序，项目的多个参与方也难以有效协同沟通；项目竣工后，没有整体的竣工模型，难以进行后续维护管控。

因此，在施工前，采用 BIM 技术，针对现场的结构进行实地测量后，将机电各个专业和结构整合在统一的平台上，进行机电各专业间及与结构间的碰撞检查，提前发现施工现场存在的保温层、工作面、检修面等碰撞和冲突，通过提前预知施工过程中这些可能存在的碰撞和冲突，有利于减少设计变更，大大提高施工现场的生产效率。通过建立 3D、4D 模型对整个施工机电设备进行虚拟拼装模拟，可以清晰直观地了解整个工程的实施方案和建造完成后的效果，并有效控制进度；同时对于不足的环节加以修改完善，对于新的方案再次通过模拟进行优化，直至进度计划方案合理科学。

2. 施工方案模拟与进度管理

BIM 技术的出现，为企业集约经营、项目精益管理的管理理念的落地提供了手段。虚拟施工对全过程来讲，简单地说，其价值在于对比和协同：随时随地都可以非常直观快速地知道计划是什么样的，实际进展是怎么样的；无论是施工方、监理方，甚至非工程行业出身的业主领导都对工程项目的各种问题和情况了如指掌。通过 BIM 技术结合施工方案、施工模拟和现场视频监测，大大减少建筑质量问题、安全问题，减少返工和整改，提高施工效率。

1）施工方案模拟

通过 BIM 技术建立建筑物的几何模型和施工过程模型，对施工方案进行实时模拟，进而对已有的施工方案进行验证、优化和完善，将逐步取代传统的施工方案编制方式和方案操作流程。虚拟施工流程如图 10-1 所示。

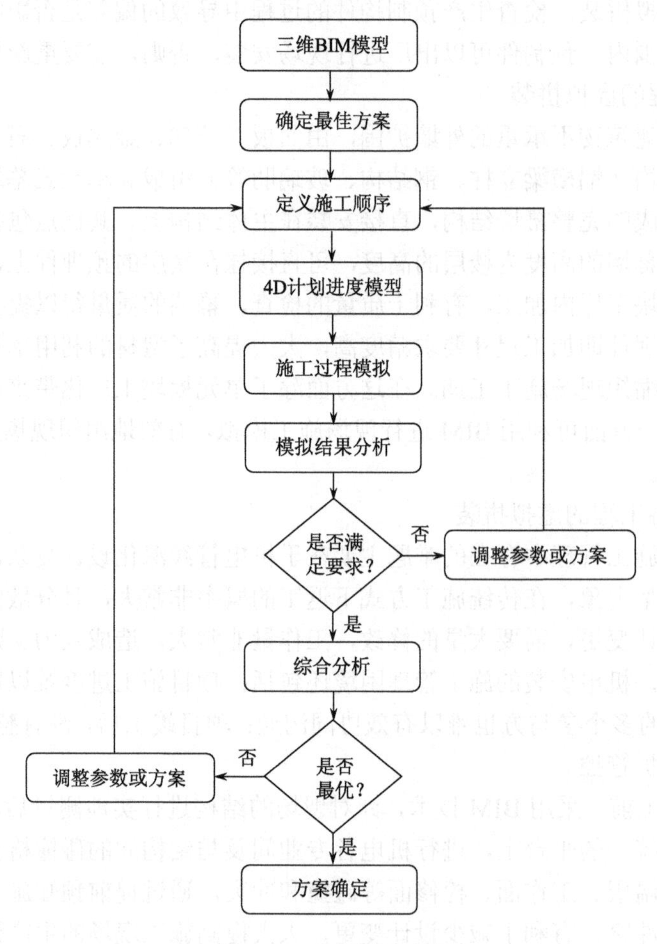

图 10-1　虚拟施工流程

2）进度管理

进度管理是工程建设的三大核心目标之一。进度管理不仅要保证工期，按时完工，更重要的是，合理进行各项活动定义和安排、时间和资源估算、进度计划的编制和控制等，确保项目有序进行。但是现在大多数项目的进度控制并不是很好，计划完成之后不能得到有效的实施。存在的问题主要表现在：①二维图纸作为信息传递媒介带来的项目信息损失；②无法有效发现施工进度计划中的潜在冲突；③工程施工进度跟踪分析困难；④在处理工程施工进度偏差时缺乏整体性。

BIM 技术具有可视化、多视角、协调、模拟、目标优化等功能，为进度管理系统的设计提供了一种全新的视角。BIM 在建筑实体和模型上同步实施，能直观地表达多维空间数据，避免用二维图纸作为信息传递媒介带来的信息损失，并使项目参与人员在短时间内了解复杂的设计信息，减少沟通障碍。同时通过工程量统计、资源和场地规划、4D 进度模拟、4D 进度检查、虚拟建造等方式预先对整个施工进度的相关活动进行合理布置，提供了一个信息平台，为工程参建主体提供有效的进度信息共享和协作环境。

基于 BIM 的 4D 进度管理通过反复的施工过程模拟，让那些在施工阶段可能出现的问题在模拟的环境中提前发生，逐一修改，并提前制定应对措施，使进度计划和施工方案最优，再用来指导实际的项目施工，从而保证项目施工的顺利完成。有助于提升施工进度计划和控制效率。

基于 BIM 的 4D/5D 进度管理支持总计划和分阶段进度计划的编制，直观高效地获得并管理施工进度信息，通过对施工进度的动态跟踪及可视化模拟对比实际进度和计划进度，可以预测工程进度，项目管理人员依据这些信息及时平衡总进度和分阶段进度计划，实现项目进度的动态控制（图 10-2）。

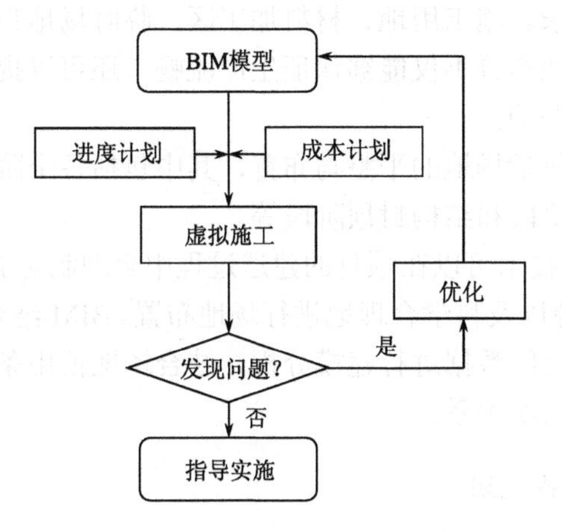

图 10-2 基于 BIM 的 5D 动态施工

10.2.3 施工现场管理

近年来，国家大力倡导绿色建筑概念，BIM 在建筑中的应用赋予建筑“绿色生命”。BIM 建模对于建筑耗能的分析数据精准性极强，通过 BIM 的导入，建立基于建筑节能方面的模型，可以帮助建筑师更好地分析能源损耗点，进行相应的调整，促进整个行业的进一步资源优化整合。

在建筑设计阶段，利用 BIM 可进行能耗分析，选择低环境影响的建筑材料等，还可以进行环境生态模拟，达到保护环境，资源充分及可持续利用的目的，并且能够给人们创造一个舒适的生活环境。比如确定耗水量分区控制图、垃圾分类收集系统、垃圾降解系统、污水分离生态排水系统等。

建筑的全生命周期应当包括前期的规划、设计以及建造、运营、维护和最后的拆除全过程。所以要在建筑的全生命周期内实施绿色理念。因此，除了设计阶段和施工管理阶段，BIM 技术的应用践行了绿色施工管理的理念。一个项目从施工进场开始，首先要面对的是如何对整个项目的施工现场进行合理的场地布置。尽可能最大限度地利用大型机械设备的性能，各个施工项目在施工过程中不发生碰撞和冲突。以往做临时场地布置时，是将一张张设计平面图叠起来看，考虑的问题难免有缺漏，往往到施工时才发现问题。将 BIM 技术应用到施工现场临时设施规划阶段可以避免上述问题的发生，为施工企业降低施工风险与运营成本。

在工程项目中基于 BIM 的施工现场管理方案优化主要包括三个方面：①施工方案场地布置的优化，包括总施工场地布置优化、各阶段施工场地布置优化等；②施工机械的优化，包括施工机械选择优化、施工机械相关参数优化、施工机械行进路线优化；③施工工艺流程、施工技术参数优化等。

1. 施工场地布置和优化

建筑施工是一个高度动态的过程。随着施工的进展和施工复杂程度不断提高，施工项目管理也变得极为复杂。施工用地、材料加工区、临时场地也随着工程进度不断变化和调整。合理的施工场地布置不仅能够保证生产流畅，还可以提高施工效益，并有利于施工现场作业和环境的保护。

场地的布置和优化包括场地的平整与布置，其中包括各个阶段的平面布置，如桩基阶段、基坑阶段、主体阶段和结构封顶阶段等。

BIM 的 4D/5D 施工技术可以在项目的建造过程中合理制定施工计划、精确掌握施工进度，优化使用施工资源以及科学合理地进行场地布置。BIM 结合 GIS（地理信息系统），对现场及拟建的建筑物空间数据进行建模分析，结合场地使用条件和特点，做出最理想的现场规划和交通路线组织关系。

2. 大型施工机械设施规划

BIM 技术用于机械设备选择和优化的主要作用表现在：①利用 BIM 技术建立相应机械设备族，并设置相关技术参数，进行模拟；②作用、能力均满足条件的情况下，通过模拟作业选择更经济、更合理的设备。

比如塔吊的选择要保证起重能力满足吊装要求、作用半径，吊装高度满足吊装空间；机械设备占用空间位置尽量避免干扰其他生产单位。

利用 BIM 技术在创建好工程场地模型后，结合施工方案和施工进度计划建立 4D/5D 模型，可以形象直观地模拟各个阶段的现场情况。围绕施工现场建筑物的位置运输机械和塔吊的安放位置、材料堆放和加工棚的位置、施工机械停放、施工作用人员的活动范围和车辆的交通路线，对施工现场环境进行动态规划和监测，可以有效地减少施工过程中的起重伤害、物体打击等安全隐患。

10.3　基于 BIM-ERP 全过程信息化管理

基于 BIM-ERP 全过程信息化管理是将 BIM 技术与其他专业技术、通用信息技术、管理系统等集成应用，这样可以发挥更大的综合价值。在基于 BIM 的设计、生产、装配全过程信息共享协同的基础上，以装配式混凝土建筑的系统性、完整性为原则，打造系统全过程、全集团系统性地配置并优化资源，通过工程材料采购、成本、进度、合同、物料、质量安全的信息化管控，有效发挥信息化技术在装配式建造全程过程中的深度应用，提高整体建造效率和效益。

10.3.1　RFID 技术在装配式混凝土建筑施工管理中的应用

资产管理系统通常采用射频识别（radio frequency identification, RFID）技术，俗称电子标签。在装配式混凝土建筑预制构件时，内置 RFID 芯片，在施工管理过程中，工人拿出手持读码设备一扫，就能把相应的信息读取录入，比如产品合格、出库入库、堆放场地等。数据会同步到网站上去，管理人员就可以实时查看构件信息，安排现场或者其他的工作。

目前，装配式混凝土建筑施工进度主要受厂商构件生产的速度、运输方式等多方面因素制约。设计变更对构件的生产不利，安装过程中容易出现“错、漏、碰、缺”等情况。因此，将 BIM 和 RFID 集成，并应用于从构件制作到安装的全过程管理，将极大提高生产效率。

装配式混凝土建筑的施工管理过程可以分为五个环节：构件生产、运输、入场、存储和吊装。能否及时准确地掌握施工过程中各种构件在这五个环节的信息，很大程度上影响着整个工程的进度管理及施工工序。构件合理堆放和吊装，可以避免二次搬运，从而提高工作效率。RFID 技术应用于装配式混凝土建筑施工全过程，为解决装配式混凝土建筑生产与施工过程的脱节问题提供了一个新的思路。

（1）构件生产阶段。基于 BIM 的装配式构件信息化加工 CAM（computer aided manufacturing）和 MES（manufacturing execution system）技术，无须人工二次录入，实现 BIM 信息直接导入设备，对设计信息的识别和自动加工。由预制现场的预制人员利用读码设备，将构件的所有信息（如预制柱的尺寸、养护信息等）写到 RFID 芯片中，根据用户需求和当前编码方法，同时借鉴工程合同清单的编码规则，对构件进行编码（图 10-3）。然后由制作人员将写有构件所有信息的 RFID 芯片植入到构件中，以供以后各阶段工作人员读取、查阅相关信息。

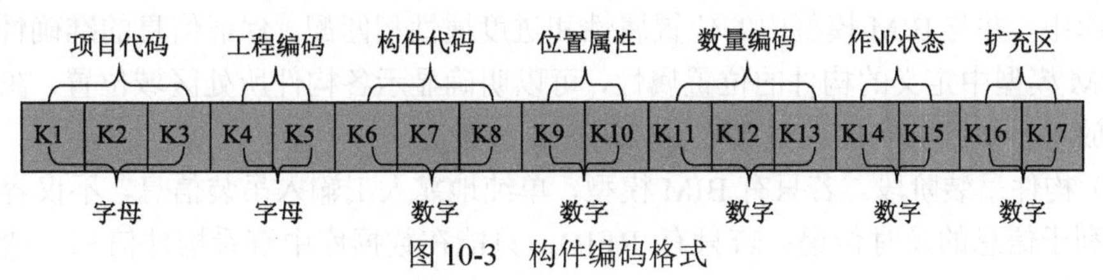

图 10-3　构件编码格式

K1～K3：项目名称，用英文字母表示，不足 3 个字母的项目，前面用 0 补齐；

K4～K5：单位工程编码，采用 1～99 号数字编码；

K6：地上/地下工程，地下表示为 0，地上表示为 1；

K7～K8：楼层号，如地上 9 层表示为 09；

K9：构件类型，如柱（column）-C，梁（beam）-B，楼板（floor）-F；

K10～K12：数量编码；

K13～K14：作业状态，随 RFID 采集信息的状态进行更新，如仓储阶段-CC，安装阶段-AZ；

K15～K17：扩充区。

（2）构件运输阶段。在构件运输阶段，主要是将 RFID 芯片植入到运输车辆上，随时收集车辆运输状况，寻求最短路程和最短时间路线，从而有效降低运输费用并加快工程进度。

（3）构配件入场及存储管理阶段。门禁系统中的读卡器接收到运输车辆入场信息后立即通知相关人员进行入场检验及现场验收，验收合格后按照规定运输到指定位置堆放，并将构配件的到场信息录入到 RFID 芯片中，以便日后查阅构配件到场信息及使用情况。

（4）构件吊装阶段。地面工作人员和施工机械操作人员各持读码器和显示器，读取构件相关信息，其结果随即显示在显示器上，机械操作人员根据显示器上的信息按次序进行吊装，一步到位，省时省力。此外，利用 RFID 技术能够在小范围内实现精确定位的特性，可以快速定位、安排运输车辆，提高工作效率。

10.3.2　BIM 和 RFID 在建筑工程项目施工过程管理中的集成应用

现代信息管理系统中，BIM 与 RFID 分属两个系统——施工控制和材料监管。将 BIM 和 RFID 技术相结合，可建立一个现代信息技术平台（基于 BIM 和 RFID 的建筑工程项目施工过程管理系统架构见图 10-4）。即在 BIM 模型的数据库中添加两个属性——位置属性和进度属性，使我们在软件应用中得到构件在模型中的位置信息和进度信息，具体应用如下：

（1）构件制作、运输阶段。以 BIM 模型建立的数据库作为数据基础，RFID 收集到的信息及时传递到基础数据库中，并通过定义好的位置属性和进度属性与模型相匹配。此外，通过 RFID 反馈的信息，精准预测构件是否能按计划进场，做出实际进度与计划进度的对比分析，如有偏差，适时调整进度计划或施工工序，避免出现窝工或构件及配件的堆积，以及场地和资金占用等情况。

（2）构件入场、现场管理阶段。构件入场时，RFID 读卡器读取到的构件信息传递到数据库中，并与 BIM 模型中的位置属性和进度属性相匹配，保证信息的准确性；同时通过 BIM 模型中定义的构件的位置属性，可以明确显示各构件所处区域位置，在构件或材料存放时，做到构配件点对点堆放，避免二次搬运。

（3）构件吊装阶段。若只有 BIM 模型，单纯地靠人工输入吊装信息，不仅容易出错而且不利于信息的及时传递；若只有 RFID，只能在数据库中查看构件信息，通过二维图纸进行抽象的想象，结合个人的主观判断，其结果可能不尽相同。BIM-RFID 有利于信息的及时传递，从具体的三维视图中及时呈现进度的对比。

建筑业一直缺少在项目寿命周期各阶段的信息创建、管理、共享的信息系统。建筑信息模型概念的出现和发展，为各参与方在各阶段共享工程信息提供了技术平台；而 BIM 和 RFID 技术结合应用可以更好地实现信息收集、传递、反馈控制，对项目的管理产生有益的推动作用。

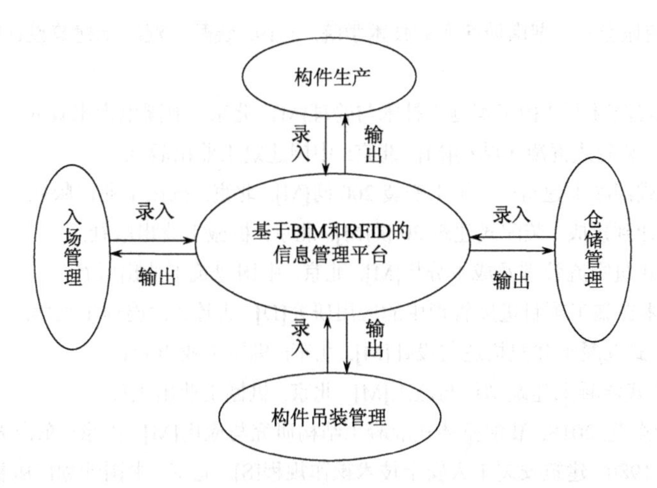

图 10-4　基于 BIM 和 RFID 的施工过程管理系统框架

10.3.3　物料集中采购信息系统

物料集中采购信息系统包括：①物料来源，设计 BIM 信息中提取物料类型与采购量。如混凝土钢筋、预留预埋件、门窗、内装部品、装饰材料等；②系列成本开支项目，设备费、材料费、周转材料费、模板费、支撑架体费等；③采购计划、时间与工程建造进度相关联，提前预设；④分析对比集中采购的成本控制。

另外，还包括成本管理信息系统和人员管理信息系统。实现对各工作面劳务队伍的基础信息、进出场情况、考务人员考勤的记录，便于不同作业区人员到岗情况的监控与记录。也可以通过信息化管理系统转移到终端实现 APP 智能化应用。

基于 BIM-ERP 全过程信息化管理还可以通过物联网、大数据和云平台的应用实现智慧工地、绿色施工。

思　考　题

1. 怎样理解基于 BIM 的建筑工程施工多主体协同？
2. 简述虚拟施工的操作流程。
3. BIM 和 RFID 集成在装配式混凝土建筑全过程管理中的应用有何优势？

主要参考文献

长沙远大教育科技有限公司, 湖南城建职业技术学院. 2019. 装配式混凝土建筑设计[M]. 长沙: 中南大学出版社.

陈卫平. 2019. 装配式混凝土结构工程施工技术与管理[M]. 北京: 中国电力出版社.

崔瑶, 范新海. 2016. 装配式混凝土结构[M]. 北京: 中国建筑工业出版社.

杜常岭. 2018. 装配式混凝土建筑——施工安装 200 问[M]. 北京: 机械工业出版社.

樊则森. 2018. 从设计到建成: 装配式建筑 20 讲[M]. 北京: 机械工业出版社.

方媛. 2018. 装配式建筑物流管理及成本分析[M]. 北京: 中国建筑工业出版社.

甘露. 2014. BIM 技术在施工项目进度管理中的应用研究[D]. 大连: 大连理工大学.

郭学明. 2018a. 装配式混凝土建筑构造与设计[M]. 北京: 机械工业出版社.

郭学明. 2018b. 装配式混凝土建筑制作与施工[M]. 北京: 机械工业出版社.

郭正兴, 朱张峰, 管东芝. 2018. 装配整体式混凝土结构研究与应用[M]. 南京: 东南大学出版社.

国家建筑工程总局. 1980. 建筑安装工人安全技术操作规程[S]. 北京: 中国计划出版社.

韩维纲. 2013. 基于信息技术进步及管理模式创新的 BIM 应用与发展方向[J]. 福建建材, 141: 17-19.

胡延红, 欧宝平, 李强. 2017. BIM 协同工作在产业化项目中的研究[J]. 施工技术, 46(4): 42-45.

李海涛. 2014. 基于 BIM 的建筑工程施工安全管理研究[D]. 郑州: 郑州大学.

李天华, 袁永博, 张明媛. 2012. 装配式建筑全寿命周期管理中 BIM 与 RFID 的应用[J]. 工程管理学报, 26(3): 28-32.

李营. 2018. 装配式混凝土建筑——构件工艺设计与制作 200 问[M]. 北京: 机械工业出版社.

刘献伟, 高洪刚, 王续胜. 2012. 施工领域 BIM 应用价值和实施思路[J]. 施工技术, 41(22): 84-86.

刘晓晨, 王鑫. 2018. 装配式混凝土建筑概论[M]. 重庆: 重庆大学出版社.

刘占省, 赵雪锋. 2015. BIM 技术与施工项目管理[M]. 北京: 中国电力出版社.

马文卓, 董娜. 2017. BIM 在施工管理中的应用研究[J]. 工程经济, 27(1): 53-55.

齐宝库, 李长福. 2014. 基于 BIM 的装配式建筑全生命周期管理问题研究[J]. 施工技术, 43(15): 25-29.

三一筑工科技有限公司. 2018. 装配式整体叠合结构成套技术[M]. 北京: 中国建筑工业出版社.

上海城建职业学院. 2016. 装配式混凝土建筑结构安装作业[M]. 上海: 同济大学出版社.

上海市城市建设工程学校(上海市园林学校). 2016. 装配式混凝土建筑结构施工[M]. 上海: 同济大学出版社.

上海隧道工程股份有限公司. 2016. 装配式混凝土结构施工[M]. 北京: 中国建筑工业出版社.

王翔. 2017. 装配式混凝土结构建筑现场施工细节详解[M]. 北京: 化学工业出版社.

文林峰. 2017. 装配式混凝土结构技术体系和工程案例汇编[M]. 北京: 中国建筑工业出版社.

肖明和, 张蓓. 2018. 装配式建筑施工技术[M]. 北京: 中国建筑工业出版社.

徐卫星, 周悦. 2017. BIM+GIS 技术在高校校园地下管网信息管理中的应用研究[J]. 施工技术, 46(6): 53-55.

许炳, 朱海龙. 2015. 我国建筑业 BIM 应用现状及影响机理研究[J]. 建筑经济, 36(3): 10-14.

张波. 2016. 装配式混凝土结构工程[M]. 北京: 北京理工大学出版社.

张兆飞. 2015. 基于 BIM 技术的工程施工精细化管理探讨[J]. 安徽建筑, 22(6): 204-205.

郑浩凯. 2014. 基于 BIM 的建设项目施工成本控制研究[D]. 株洲: 中国林业科技大学.

中国建设教育协会, 远大住宅工业集团股份有限公司. 2018. 预制装配式建筑施工要点集[M]. 北京: 中国建筑工业出版社.

中国建筑第八工程局有限公司. 2017. 装配式混凝土结构施工技术标准: ZJQ08-SGJB 013—2017[S]. 北京: 中国建筑工业出版社.

中华人民共和国住房和城乡建设部. 2010. 建筑施工升降机安装、使用、拆卸安全技术规程: JGJ 215—2010[S]. 北京: 中国建筑工业出版社.

中华人民共和国住房和城乡建设部. 2016. 建筑施工高处作业安全技术规范: JGJ 80—2016[S]. 北京: 中国建筑工业出版社.

周冲, 张希忠. 2017. 应用 BIM 技术建造装配式建筑全过程的信息化管理方法[J]. 建设科技, (3): 32-36.